"9·5"泸定地震建筑震害辑要与思考

Summary and Reflection on Building Damage from the "9·5" Luding Earthquake

冯 远 毕 琼
中国建筑西南设计研究院有限公司
西南交通大学   著
四川交大工程检测咨询有限公司

中国建筑工业出版社

图书在版编目（CIP）数据

"9·5"泸定地震建筑震害辑要与思考 = Summary
and Reflection on Building Damage from the "9·5"
Luding Earthquake / 冯远等著. -- 北京：中国建筑工
业出版社，2024.9. -- ISBN 978-7-112-30288-8

Ⅰ. P315.9；P316.271.4

中国国家版本馆 CIP 数据核字第 2024KV2689 号

泸定地震发生后，由中国建筑西南设计研究院有限公司牵头的技术团队第一时间奔赴灾区现场，收集了大量的第一手建筑震害资料，经过分类、整理、汇总及深入分析后形成本书。全书分别阐述了采用减隔震技术的建筑、框架结构、砌体结构、框架 – 剪力墙结构、楼梯、非结构构件、围墙及挡土墙、景区自建房、医疗建筑、历史传统建筑及村镇建筑的震损破坏情况，并提出相关思考及建议。相信本书的出版对我国建筑抗震研究、抗震设计水平提升及抗震体系改进都将产生积极的作用。

责任编辑：刘瑞霞　刘婷婷
责任校对：赵　力

"9·5"泸定地震建筑震害辑要与思考

Summary and Reflection on Building Damage from the "9·5" Luding Earthquake

冯　远　毕　琼
中国建筑西南设计研究院有限公司
西南交通大学　　　　　　　　　　著
四川交大工程检测咨询有限公司
*
中国建筑工业出版社出版、发行（北京海淀三里河路9号）
各地新华书店、建筑书店经销
北京海视强森图文设计有限公司制版
建工社（河北）印刷有限公司印刷
*
开本：880毫米×1230毫米　1/16　印张：17¼　字数：695千字
2024 年 9 月第一版　2024 年 9 月第一次印刷
定价：210.00元
ISBN 978-7-112-30288-8
（42100）

透过本书可以看到，地震来临时，大自然的威力和工程技术的守护！

我们需要做的，就是尊重事实并不断努力学习。

序

  2022 年 9 月 5 日，四川省泸定县发生 6.8 级地震。这次地震造成大量人员伤亡、房屋建筑损坏。地震影响波及甘孜州、雅安市、凉山州三市州，影响面积超 19000 平方公里；震区最高烈度为 9 度，涵盖了甘孜州的泸定县磨西镇、得妥镇、燕子沟镇、德威镇和雅安市的石棉县王岗坪乡、草科乡、新民族乡等多个乡镇。

  地震是一种自然现象，是由地壳运动造成的。它本不应该成为人类的灾害，即所谓的自然灾害。它之所以会酿成人类灾害，部分是因为生活或工作在地震区的人们忽视了他们居住环境的地震影响，忽视了他们应该保护他们的居住环境使之具有足够的抗震、减震能力以抵御地震可能给人类带来的种种破坏的因数。这就好像生活和工作在寒冷地区的人们必须使他们的居住环境具有一定的保温、取暖的能力才能减轻和防御寒冻灾害。如果他们的居住环境没有足够的保温和取暖能力，那么他们必将面临极其严重的冻害损失和寒冻灾害！因此有必要在这里再次重申地震灾害不是自然灾害。地震灾害是一种人为的灾害，是完全可以在地震发生前采取必要的措施进行预防的，以避免或减少地震时生命财产的损失。

  如何才能避免和抵御地震对环境的破坏从而减轻和防御地震灾害？这需要依赖正确的抗震设计理论和防震减震的经验和措施。这些理论、经验和措施是怎么得来的？其中最最重要的就是从对人类的居住环境、房屋建筑、土木基础设施在地震作用下的破坏特征、原因和防御方法长期不懈地调研、总结、发展和验证中获得的。

  位于我国主要地震区的中国建筑西南设计研究院有限公司一贯秉承对地震环境下的建筑物和各类土木基础设施进行长期、持久的调查考察、分析总结，并在此基础上不断地改进和创新抗震技术和措施。早在十六年前，当四川省发生震撼世界的汶川大地震时，他们就组织了庞大的队伍深入地震现场，收集大量的建筑震害资料，经整理汇总、分析归纳并最终出版了《来自汶川大地震亲历者的第一手资料——结构工程师的视界与思考》一书，受到国内外同行的重视和赞许。

  2022 年泸定地震发生后，他们又一如既往迅速组织地震考察队伍，第一时间奔赴地震现场进行调查和考察，对建筑结构的震害进行了详尽的调查，收集了大量的第一手建筑震害资料。经过认真的分析和总结，提炼出如下三个特点。

  第一，对采用各种隔震技术的建筑物，比较全面地收集了在多种地震烈度环境下的地震反应珍贵资料，既有较高地震烈度（9 度）下的导致隔震底层发生明显破坏的现象；也有较低或中等地震烈度（6、7 度）地区的隔震建筑，尽管没有发生较重的震害，但也都存在不同程度的隔震技术隐患。他们的发现和总结的经验无疑对我国隔震技术的发展以及确保隔震建筑物的地震安全提供了重要的线索。能在一次地震中集中发现不同烈度地震作用下的隔震结构不同的震害，总结其规律，在世界上也是不多见的。

  第二，我们也不无遗憾地看到，曾在 2008 年汶川地震中发生的大量典型破坏模式，居然在十四年后的泸定地震中依然大量存在，这些破坏建筑中也不乏汶川地震后新建的建筑。例如，目前使用较为广泛的框架结构，"强柱弱梁"破坏模式的设计目标普遍难以实现；部分仿古建筑中的

"雀替"与框架结构整体浇筑，更加剧了"强梁弱柱"破坏模式的形成，而导致的框架柱塑性铰下移情况，也往往被工程设计所忽视。又如，汶川地震中曾大量出现的楼梯板断裂、梯梁剪坏，填充隔墙大量裂缝、倒塌等现象，也同样在泸定地震中普遍存在。这些现象再次给我们的工程师以及科研人员提出了一个十分严峻的问题：是执行规范不力，还是制定的规范仍然存在缺陷？

第三，本次泸定地震发生在多山地区，典型的山地建筑地震破坏现象令人印象深刻。本书对山地建筑结构的震害进行了较为详尽的描述和分析，发现了高、陡边坡场地加剧了地震作用的复杂性和严重性，不仅对山地建筑的设计研究具有推进作用，也给我们提出了十分重要和有意义的新的研究课题，对相关工程设计标准、规范的修编有着十分重要的参考价值。

作为一部专门介绍建筑震害的出版物来说，必须客观、全面、详尽地介绍震害本身，形成客观的科学记录。毫无疑问，本书的作者已经做到了。但是他们并不囿于仅将其作为一份记录，在客观反映建筑震害的同时，还介绍了他们对于这些震害的思考和分析。例如，本书从第 2 章到第 12 章均以"思考与建议"收尾，可见他们力图将自己在现实场景中的所见所感，通过系统整理和专业分析，转化为所思所悟。不过这里也要提醒读者们，在分享作者的见解和观点的同时，也应独立思考，以弥补可能存在的挂一漏万的缺憾。

泸定地震过去已经两年，但各类建筑震害不应被忘却。尽管目前的技术水平可能不足以对震害做出完美的解释，但是这些十分难得的第一手资料，相信在今后仍会给人们新的启示。我国是一个地震多发的国家，推动地震工程学科的发展和防震减灾技术的进步，对我们有更紧迫、更重要的现实意义。期待更多的同行能像中国建筑西南设计研究院有限公司一样，坚持深入地震现场，掌握震害第一手资料，真正做到不仅能把宝贵的震害资料记录下来，更能将防震减灾的经验和新的发现呈现给社会。

中国工程院院士 谢礼立
2024 年 9 月 5 日

前言

　　2022年9月5日12时52分，四川省甘孜藏族自治州泸定县发生6.8级地震，震源深度16km。根据"9·5"四川泸定地震抗震救灾省市（州）县前线联合指挥部召开的第五次新闻发布会通报，截至10日14时，地震已造成88人遇难、30人失联，医院救治伤员420余人。地震还导致11万余人受灾，5万余间房屋损坏，道路、通信、电力、水利等基础设施不同程度受损，诱发多处滑坡、崩塌、堰塞湖等次生灾害。

　　"9·5"泸定地震发生后，在四川省住房和城乡建设厅的支持帮助下，中国建筑西南设计研究院有限公司牵头的考察组于地震发生的当天就抵达了震中开展考察工作。前后历时24天，分批分次对甘孜藏族自治州泸定县磨西镇、得妥镇、燕子沟镇、德威镇，雅安市石棉县王岗坪彝族藏族乡、草科藏族乡、新民藏族彝族乡，共计7个遭遇9度区的乡镇以及康定、石棉、汉源、荥经等县市的建筑震害进行了实地考察，通过查看现场建筑震害情况、仪器测量建筑变形及材料强度等方式，收集了大量的第一手建筑震害资料，并形成《泸定"9·5"地震城乡房屋建筑震害考察工作报告》上报四川省住房和城乡建设厅。

　　本次共考察309栋建筑和1个传统村落，分布在遭遇烈度从9度到6度的地区，结构类型包含框架结构、砌体结构、框架－剪力墙结构、木结构等。考察中关注了非结构构件、围墙、景区自建房、村镇建筑等震害，同时还特别关注了采用减隔震技术的结构震害以及坡地地形对建筑结构的影响。

　　本书共计12章，包括：概况；采用减隔震技术的建筑；框架结构；砌体结构；框架－剪力墙结构；楼梯；非结构构件；围墙及挡土墙；景区自建房；医疗建筑；历史传统建筑；村镇建筑。

　　本书用了较大篇幅对减隔震建筑的震害进行了介绍，其中2栋减隔震建筑经历了烈度9度的地震作用，隔震层均发生明显破坏，其破坏模式与设计预期有较大出入；其余遭遇烈度6、7度地区的7栋隔震建筑，尽管没有震害，但是也都发现了不同程度的建造问题。

　　地震是地球地壳自身运动的一种常见的自然现象，然而，对于居住、生活在地面上的个人和家庭来说，地震造成的建筑破坏、人员伤亡是一次次刻骨铭心的巨大伤痛。作为地震工程的研究者和实践者，我们怀着对生命的敬畏，运用有限的专业知识，对本次考察数量大、覆盖遭遇烈度广的建筑进行分类、整理、归纳，选择了具有代表性的典型震害集结为章，希望能为建筑工程防震减灾的研究和应用略尽绵薄之力。

主　编：　冯　远　毕　琼

副主编：　康永君

编　委：　张蜀泸　熊耀清　高永东　王立维　陈龙渝

　　　　　潘　毅　李　杰　杜　龙　土比日日

本书编写过程中，得到了四川省住房和城乡建设厅、中国建筑西南设计研究院有限公司、西南交通大学、四川交大工程检测咨询有限公司等政府部门和单位的大力支持，四川日报全媒体视觉中心记者杨树、中国地震局工程力学研究所陈相兆博士为本书提供了部分图片，在此表示真诚的感谢！

本书编写过程中，朱立新、邓烜、吴小宾、赵仕兴、吴体、陈彬、戴靠山、唐元旭、刘兢兢、刘汉昆、张扬等行业专家给予了宝贵意见和建议，在此对各位专家致以诚挚的谢意！

本书可供从事建筑结构的工程技术人员参考，也可供高等院校的师生阅读。限于作者水平和经验，不妥之处在所难免，敬请广大读者批评指正。

著者

2024 年 9 月 5 日

目录

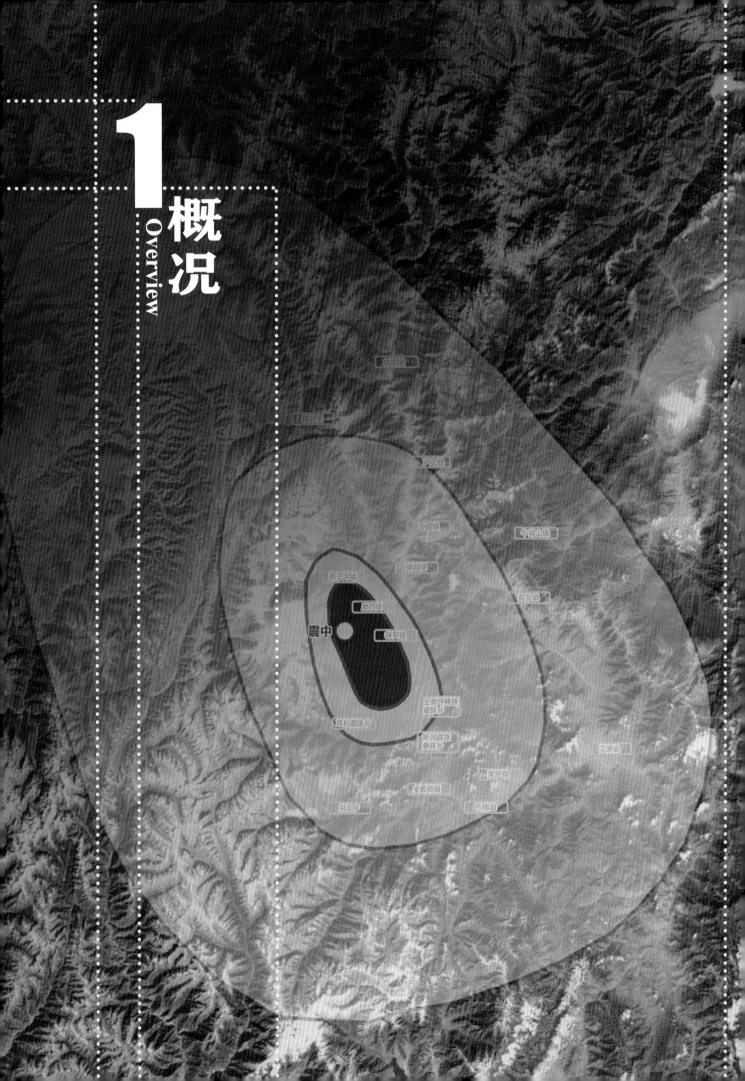

1 概况
Overview

震中

燕子沟镇
磨西镇
得妥镇
草科藏族乡
王岗坪彝族藏族乡
新民藏族彝族乡
安顺场镇
洪坝乡
石棉县
芙蓉镇
汉源县
宜坪镇
牛背山镇
冷碛镇
德威镇
兴隆镇
得妥镇

1.1 引言

    地震是人类无法掌控的自然现象，也是影响建筑全生命安全的重要因素，出现概率小而破坏严重。减轻或消除地震灾害的工程抗震技术主要来源于理论研究和经验，经验主要来源于大地震中的实际工程震害和总结。

    "9·5"泸定地震震级 6.8，最大烈度 9 度，发生于川西高山峡谷区，毗邻贡嘎山、海螺沟等著名景区。应急评估资料显示，相较于汶川、芦山、九寨沟等近年来发生的地震，泸定地震既有相似的强梁弱柱震害、填充隔墙震害和楼梯震害等，也发现了减隔震建筑震害、坡地建筑震害和景区自建房震害等新特点。对"9·5"泸定地震进行建筑震害科学考察，既是对既有建筑抗震技术的校验，也是对尚未明晰的建筑工程问题的呈现。

1.1 Introduction

Earthquake is a natural phenomenon beyond the control of human, and it is also an important factor affecting the building safety, causing low probability but serious damages. The engineering seismic resistance technology for mitigating or eliminating earthquake hazards mainly comes from theoretical research and experience, which mainly comes from the actual seismic damage and summaries.

The "9·5" Luding earthquake is a magnitude of 6.8 earthquake, with maximum intensity of IX. It occurred in western Sichuan's canyon district, adjacent to the famous viewpoints like Gongga Mountain and Hailuogou. Emergency assessment data indicates that, comparing to earthquakes occurred in Wenchuan, Lushan, Jiuzhaigou, the Luding earthquake caused similar seismic damage on weak columns, infilling walls and staircases. Otherwise, new seismic damage were observed on seismic reduced buildings, seismic isolation buildings, buildings on slopes, and self-built low quality buildings. The scientific investigation of the seismic damage caused by the "9·5" Luding earthquake is not only a verification of existing seismic resistance technologies, but also a presentation to uncertified engineering seismic problems.

1.2 "9·5"泸定地震概况

中国地震台网测定，2022年9月5日12时52分，四川省甘孜藏族自治州泸定县发生6.8级地震，震源深度16km。根据"9·5"四川泸定地震抗震救灾省市（州）县前线联合指挥部在四川省雅安市石棉县召开的第五次新闻发布会通报，截至10日14时，地震已造成88人遇难、30人失联，医院救治伤员420余人。本次地震造成的死亡和失联人员中81.4%为山体崩垮、滑坡、滚石等所致，18.6%为房屋倒垮所致。地震还导致11万余人受灾，5万余间房屋损坏，道路、通信、电力、水利等基础设施不同程度受损，诱发多处滑坡、崩塌、堰塞湖等次生灾害。

1.2.1 地震烈度分布情况

根据应急管理部发布的"四川泸定6.8级地震烈度图"，"9·5"泸定地震的最高烈度为Ⅸ度（9度），等震线长轴呈北西走向，长轴195km，短轴112km，Ⅵ度（6度）区及以上面积19089km²，共涉及四川省3个市（州）12个县（市、区），82个乡镇（街道）（图1.2.1-1）。

图1.2.1-1 "9·5"泸定地震烈度图
注：本图根据应急管理部发布的"四川泸定6.8级地震烈度图"绘制，从震中往外，不同颜色依次代表遭遇烈度9、8、7、6度地区。

Ⅸ度（9度）区：面积 280km²，主要涉及甘孜藏族自治州泸定县磨西镇、得妥镇、燕子沟镇、德威镇；雅安市石棉县王岗坪彝族藏族乡、草科藏族乡、新民藏族彝族乡，共计 7 个乡镇。

Ⅷ度（8度）区：面积 505km²，主要涉及甘孜藏族自治州泸定县磨西镇、燕子沟镇、得妥镇、德威镇；雅安市石棉县王岗坪彝族藏族乡、草科藏族乡、新民藏族彝族乡，共计 7 个乡镇。

Ⅶ度（7度）区：面积 3608km²，主要涉及甘孜藏族自治州泸定县燕子沟镇、泸桥镇、德威镇、磨西镇、冷碛镇、兴隆镇、得妥镇、烹坝镇，康定市榆林街道、贡嘎山镇，九龙县洪坝乡、湾坝镇；雅安市石棉县草科藏族乡、蟹螺藏族乡、安顺场镇、王岗坪彝族藏族乡、丰乐乡、新棉街道、迎政乡、美罗镇、新民藏族彝族乡、永和乡，汉源县宜东镇、富乡乡、前域镇，荥经县牛背山镇，天全县喇叭河镇，共计 27 个乡镇（街道）。

Ⅵ度（6度）区：面积 14696km²，主要涉及甘孜藏族自治州 32 个乡镇（街道），雅安市 35 个乡镇（街道），凉山彝族自治州 9 个乡镇，共计 76 个乡镇（街道）。

1.2.2　震中周边历史地震情况

震中周边历史地震图（图 1.2.2-1）展示了震中 200km 范围内的历史地震（自 1900 年）分布情况，其中 7.0~7.9 级地震 1 次，6.0~6.9 级地震 8 次，5.0~5.9 级地震 33 次，最大为 2013 年 4 月 20 日四川雅安市芦山县 7.0 级地震，距本次震中约 117km。

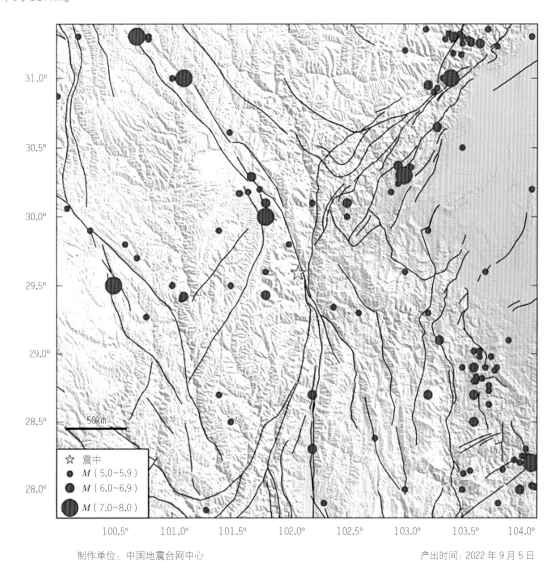

制作单位：中国地震台网中心　　　　　　　　　　　　　　　　产出时间：2022 年 9 月 5 日

图 1.2.2-1　震中周边历史地震（M ≥ 5.0）分布图

注：本图引自中国地震局（网址：https://www.cea.gov.cn/cea/dzpd/dzzt/5683568/5683579/5684109/index.html）

1.3 建筑震害考察概况

"9·5"泸定地震发生后，根据四川省住房和城乡建设厅等相关组织安排，考察组分批分次对甘孜藏族自治州泸定县磨西镇、得妥镇、燕子沟镇、德威镇；雅安市石棉县王岗坪彝族藏族乡、草科藏族乡、新民藏族彝族乡，共计7个遭遇9度区的乡镇以及康定、石棉、汉源、荥经等县市的建筑震害进行了实地考察。详照片1.3-1、图1.3-1和图1.3-2。自地震发生当日到9月28日，考察组前后历时24天，通过对现场建筑震害查看、仪器测量建筑变形及材料强度等方式，收集了大量的第一手建筑震害资料。

本次考察覆盖区域较为广泛，涵盖本次地震遭遇烈度9、8、7、6度的地区。建筑类型较为全面，包括医院、学校、酒店、办公、住宅、农房等不同使用功能，结构类型包含框架结构、砌体结构、框架－剪力墙结构、木结构等，还考察了减隔震建筑、非结构构件、围墙、景区自建房、村镇建筑等震害，同时，关注了坡地地形对建筑结构的影响。

照片 1.3-1 震中磨西镇坐落在台地上，台地至两侧河滩高度约100m，震后实景（由中国地震局工程力学研究所陈相兆博士提供）

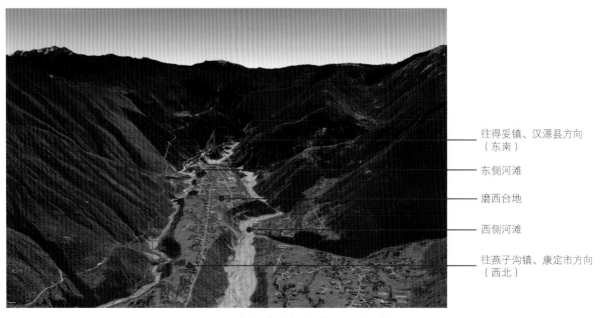

往得妥镇、汉源县方向（东南）

东侧河滩

磨西台地

西侧河滩

往燕子沟镇、康定市方向（西北）

图 1.3-1 震中磨西台地地形示意图（源自网络）

图 1.3-2　本次震害考察分布图（源自网络）

1.4　主要考察建筑统计

　　本次考察共计 309 栋建筑物和 1 个传统建筑村落。其中，康定市 12 栋，泸定县 267 栋（含磨西镇 160 栋、燕子沟镇 76 栋、得妥镇 16 栋），石棉县 24 栋，汉源县 5 栋、荥经县 1 栋及石棉县传统建筑村落 1 个。

　　各建筑物建造年代自 1926 年到 2021 年。设计设防地震烈度为 9 度到 7 度，本次地震实际遭遇烈度为 9 度到 6 度，其中，9 度区 199 栋，8 度区 64 栋，7 度区 27 栋，6 度区 19 栋及 7 度区传统建筑村落 1 个。

　　其中，框架结构 62 栋，砌体结构 114 栋，框架－剪力墙结构 15 栋，剪力墙结构 4 栋，框架－核心筒结构 1 栋，木结构 38 栋，钢框架结构 3 栋，网架结构 2 栋，生土结构 2 栋，砖木、钢木、石木、土石等混合结构 67 栋，石砌结构 1 栋及石砌结构传统建筑村落 1 个。采用隔震技术的结构 9 栋，采用减震技术的结构 2 栋。

　　本次考察涉及的建筑数量大、覆盖遭遇烈度广，限于篇幅，本书仅对其中的典型震害进行分类、整理、归纳，集结为章，希望为读者提供参考和启示。

2 采用减隔震技术的建筑

Buildings Using Seismic Isolation Technologies

2.1 概况

近年来，减隔震技术得到了大量应用，但尚未经历较大地震烈度的检验，本次在地震震区科考了 10 栋减隔震建筑，其中隔震建筑都发现了不同程度的问题，有 2 栋减隔震建筑遭遇了烈度 9 度的地震作用，损坏严重。考察获得的减隔震震害第一手资料弥足珍贵。

本次地震中，遭遇 9 度烈度的 2 栋减隔震建筑出现了隔震层震害和上部建筑震害。其中，隔震层震害包括隔震支座、阻尼器及其连接、柱支墩、吊柱、建筑出入口、隔震沟及设备管线等震害；上部建筑震害包括结构构件以及非结构构件震害，如填充墙、吊顶、设施设备、室内物品、隔震缝及隔震相邻建筑碰撞等震害。此外，本次科考的其他隔震建筑中的隔震沟、跨越隔震层的设备管道及填充隔墙均存在不同程度的问题，部分隔震建筑还直接与邻近建筑连为一体，以上问题都导致无法实现隔震建筑在地震中的水平位移，阻碍了隔震作用的发挥，存在结构安全隐患，且不能满足震后使用的需求。

2.1 Overview

In recent years, seismic isolation technologies have been widely adopted, but not yet been testified in high level earthquakes. We conducted scientific investigation on 10 seismic isolation buildings this time and various problems were found on these buildings. Particularly, two of them experienced intensity of IX, and they provided valuable first-hand information on seismic isolation buildings in high level earthquake.

In this earthquake, two seismic isolation buildings that experienced a seismic intensity of IX suffered from damage to their isolation layers and upper structures. The isolation layers damage included damage to isolation bearings, dampers and their connections, column piers, hanging columns, building entrances, isolation gaps, and equipment pipelines. The upper structures damage encompassed structural and non-structural elements such as infill walls, ceilings, facilities, indoor items, isolation joints, and collisions with adjacent isolated buildings. Additionally, other buildings surveyed during this investigation exhibited varying degrees of damages with their isolation gaps, equipment pipelines crossing the isolation layers, and infill walls. Some seismic isolation buildings were directly connected to adjacent buildings, preventing horizontal displacement during the earthquake, hindering the effectiveness of the isolation system, posing structural safety risks, and failing to meet post-earthquake usage requirements.

2.2 减隔震建筑

2.2.1 磨西镇某员工宿舍楼

磨西镇某员工宿舍楼是一栋住宿与办公两用的4层隔震建筑，无地下室。建筑从2014年开始设计，2014年底康定地震后调整了设防烈度，重新按抗震设防烈度9度设计，2016年建成并投入使用。建筑长向为7跨8排柱，柱距7.8m；短向为3跨4排柱，柱距为7.9m+2.0m+7.9m。隔震层框架梁主要截面尺寸为350mm×800mm，次梁截面尺寸为250mm×700mm，上下隔震支墩截面尺寸为900mm×900mm，隔震层支座为一柱一支座，总共32个，支座直径为600mm和700mm，其中，铅芯橡胶支座（LRB）8个，布置在建筑四角及两边；其余为天然橡胶支座（LNR），共24个。建筑四周设置隔震沟，设计宽度为700mm。详照片2.2.1-1。

照片2.2.1-1 磨西镇某员工宿舍楼震后外观

本次地震中遭遇烈度为9度，主要震害集中于隔震层，大量隔震支座出现了剪切破坏，隔震沟盖板大范围脱落，排水管道拉脱；地上建筑基本完好，个别填充墙出现裂纹或裂缝，少许面砖脱落，部分室内家具倒伏。

从现场测量得出，上部结构位移：短向最大为240~260mm，长向最大约70mm。据现场观察及简易测量，部分隔震支座在顶部或底部出现全截面剪切破坏，剪断后最大滑移量约85mm，大部分隔震支座未完全复位，呈倾斜状，剩余偏位值不超过40mm。

1. 隔震支座及其连接震害

图2.2.1-1为现场实测各隔震支座上端相对下端的位移情况，箭头方向为位移方向，箭头长短示意上下端位移差。由箭头方向及位移差值可见，各支座位移不协调，与上部结构刚体运动的结构概念不符，这是由于地震作用中，部分隔震支座出现断裂破坏，且断裂时刻不一致，先断裂的支座无法跟随后续的地震作用同步变形，所以表现出各支座残余位移方向及大小不协调的现象。现场查看32个隔震支座的震后状况，大部分隔震支座未完全复位，呈倾斜状，部分隔震支座在顶部或底部出现全截面剪切破坏，支座本身倾斜未复位。

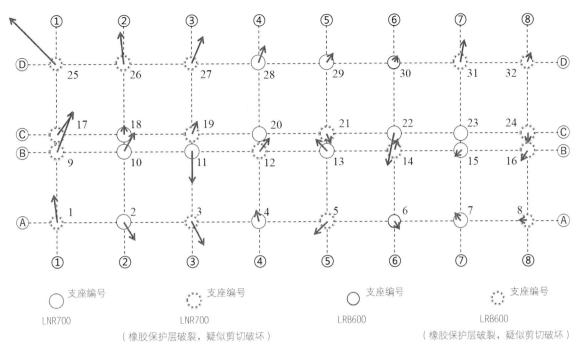

図 2.2.1-1　磨西镇某员工宿舍楼隔震支座平面布置及破坏示意图

1）Ⓐ轴线隔震支座震害

支座 1，Ⓐ×①轴，顶部剪切破坏，未完全复位，呈倾斜状，剪断后未复位变形约 85mm，详照片 2.2.1-2。

（a）从②轴往①轴看，橡胶层顶部剪切破坏

（b）未复位约 85mm（细部）

（c）从Ⓑ轴往Ⓐ轴看

照片 2.2.1-2　Ⓐ轴交①轴隔震支座 1 震害

支座2，Ⓐ×②轴，未完全复位，呈倾斜状，详照片2.2.1-3。

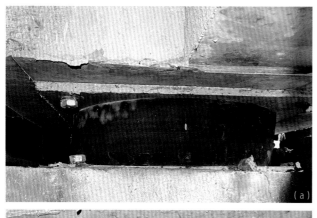

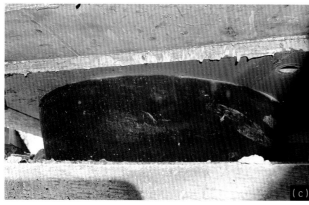

（a）从①轴往②轴看
（b）从Ⓑ轴往Ⓐ轴看
（c）从③轴往②轴看
照片2.2.1-3　Ⓐ轴交②轴隔震支座2震害

支座3，Ⓐ×③轴，未完全复位，呈倾斜状，橡胶层底部剪切破坏，连接钢板螺栓也发生了变形，详照片2.2.1-4。

（a）从②轴往③轴看
（b）从Ⓑ轴往Ⓐ轴看，橡胶层底部剪切破坏
（c）从④轴往③轴看
照片2.2.1-4　Ⓐ轴交③轴隔震支座3震害

支座 4，Ⓐ×④轴，未完全复位，呈倾斜状，详照片 2.2.1–5。

（a）从③轴往④轴看
（b）从Ⓑ轴往Ⓐ轴看
（c）从⑤轴往④轴看
照片 2.2.1–5　Ⓐ轴交④轴隔震支座 4 震害

支座 5，Ⓐ×⑤轴，未完全复位，呈倾斜状，橡胶层顶部剪切破坏，详照片 2.2.1–6。

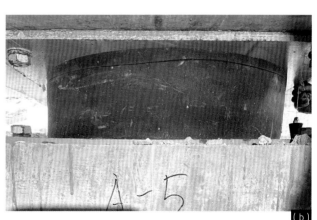

（a）从④轴往⑤轴看
（b）从Ⓑ轴往Ⓐ轴看，顶部橡胶保护层破坏，疑似剪切破坏
（c）从⑥轴往⑤轴看
照片 2.2.1–6　Ⓐ轴交⑤轴隔震支座 5 震害

支座6，Ⓐ×⑥轴，未完全复位，呈倾斜状，详照片2.2.1-7。

(a) 从⑤轴往⑥轴看
(b) 从Ⓑ轴往Ⓐ轴看
(c) 从⑦轴往⑥轴看
照片2.2.1-7　Ⓐ轴交⑥轴隔震支座6震害

支座7，Ⓐ×⑦轴，未完全复位，呈倾斜状，详照片2.2.1-8。

(a) 从⑥轴往⑦轴看
(b) 从Ⓑ轴往Ⓐ轴看
(c) 从⑧轴往⑦轴看
照片2.2.1-8　Ⓐ轴交⑦轴隔震支座7震害

支座 8，Ⓐ × ⑧轴，未完全复位，呈倾斜状，橡胶层底部剪切破坏，详照片 2.2.1-9。

（a）从⑦轴往⑧轴看

（b）从Ⓑ轴往Ⓐ轴看，橡胶层底部剪切破坏

照片 2.2.1-9　Ⓐ轴交⑧轴隔震支座 8 震害

2）B 轴线隔震支座震害

支座 9，Ⓑ × ①轴，未完全复位，呈倾斜状，橡胶层底部剪切破坏，详照片 2.2.1-10。

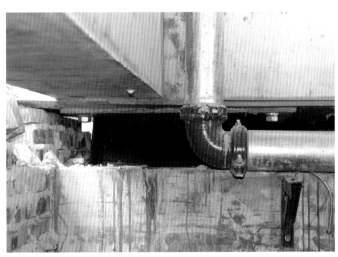

（a）从Ⓐ轴往Ⓑ轴看

（b）从Ⓐ轴往Ⓑ轴看细部

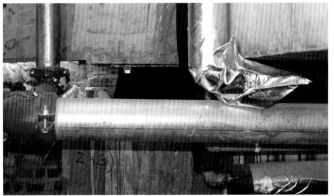

（c）从Ⓐ × ②轴往Ⓑ × ①轴看

（d）从②轴往①轴看

照片 2.2.1-10　Ⓑ轴交①轴隔震支座 9 震害

支座 10，Ⓑ × ②轴，未完全复位，呈倾斜状，详照片 2.2.1-11。

（a）从Ⓐ轴往Ⓑ轴看　　　　　　　　　　　　　（b）从①轴往②轴看

（c）从Ⓐ × ③轴往Ⓑ × ②轴看　　　　　　　　（d）从Ⓐ × ①轴往Ⓑ × ②轴看

照片 2.2.1-11　Ⓑ轴交②轴隔震支座 10 震害

支座 11，Ⓑ × ③轴，未完全复位，呈倾斜状，详照片 2.2.1-12。

（a）从Ⓐ轴往Ⓑ轴看　　　　　　　　　　　　　（b）从②轴往③轴看

（c）从Ⓐ × ④轴往Ⓑ × ③轴看　　　　　　　　（d）从④轴往③轴看

照片 2.2.1-12　Ⓑ轴交③轴隔震支座 11 震害

支座 12，Ⓑ × ④轴，未完全复位，呈倾斜状，橡胶层顶部剪切破坏，详照片 2.2.1-13。

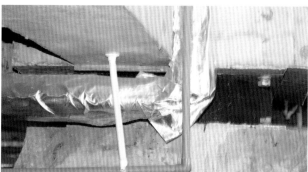

（a）从Ⓐ轴往Ⓑ轴看　　　　　　　　　　　　（b）从③轴往④轴看

（c）从Ⓐ × ③轴往Ⓑ × ④轴看　　　　　　（d）从⑤轴往④轴看，橡胶层顶部剪切破坏

照片 2.2.1-13　Ⓑ轴交④轴隔震支座 12 震害

支座 13，Ⓑ × ⑤轴，未完全复位，呈倾斜状，详照片 2.2.1-14。

（a）从Ⓐ轴往Ⓑ轴看　　　　　　　　　　　　（b）从④轴往⑤轴看

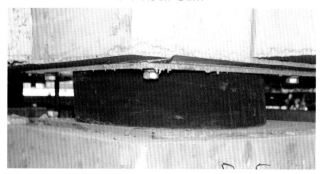

（c）从Ⓐ × ④轴往Ⓑ × ⑤轴看　　　　　　　（d）从⑥轴往⑤轴看

照片 2.2.1-14　Ⓑ轴交⑤轴隔震支座 13 震害

支座14，Ⓑ×⑥轴，未完全复位，呈倾斜状，橡胶层顶部剪切破坏，详照片2.2.1-15。

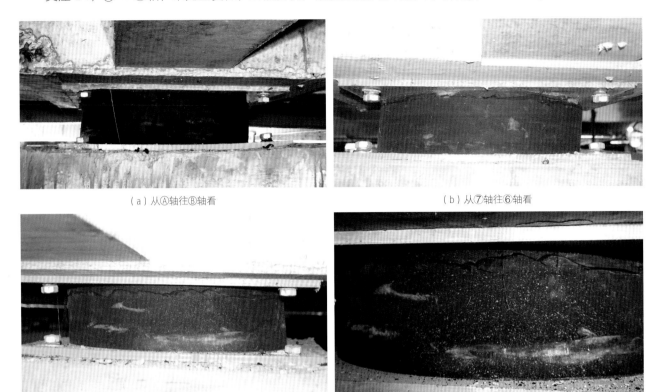

（a）从Ⓐ轴往Ⓑ轴看　　　　　　　　　　　（b）从⑦轴往⑥轴看

（c）从⑤轴往⑥轴看　　　　　　　　（d）从⑤轴往⑥轴看细部，橡胶层顶部剪切破坏

照片2.2.1-15　Ⓑ轴交⑥轴隔震支座14震害

支座15，Ⓑ×⑦轴，未完全复位，呈倾斜状，详照片2.2.1-16。

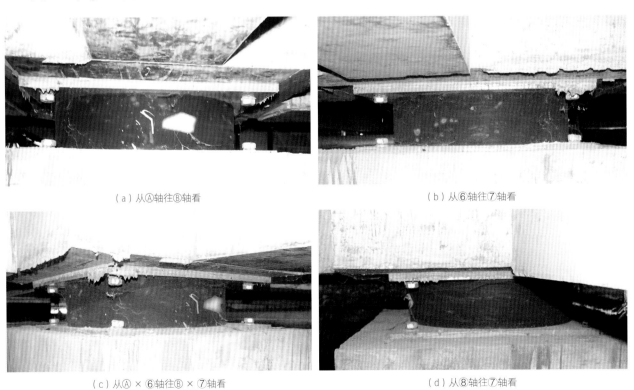

（a）从Ⓐ轴往Ⓑ轴看　　　　　　　　　　　（b）从⑥轴往⑦轴看

（c）从Ⓐ×⑥轴往Ⓑ×⑦轴看　　　　　　　　　（d）从⑧轴往⑦轴看

照片2.2.1-16　Ⓑ轴交⑦轴隔震支座15震害

支座 16，Ⓑ × ⑧轴，未完全复位，呈倾斜状，橡胶层顶部剪切破坏，详照片 2.2.1-17。

（a）从Ⓐ轴往Ⓑ轴看　　　　　　　　　　（b）从⑦轴往⑧轴看

照片 2.2.1-17　Ⓑ轴交⑧轴隔震支座 16 震害

3）C 轴线隔震支座震害

支座 17，Ⓒ × ①轴，未完全复位，呈倾斜状，橡胶层底部剪切破坏，详照片 2.2.1-18。

（a）从Ⓓ轴往Ⓒ轴看　　　　　　　　　　（b）从②轴往①轴看

（c）从Ⓓ × ②轴往Ⓒ × ①轴看　　　（d）支座剪切破坏，钢板外漏，实测残余位移 66mm

照片 2.2.1-18　Ⓒ轴交①轴隔震支座 17 震害

支座 18，Ⓒ × ②轴，未完全复位，呈倾斜状，详照片 2.2.1-19。

（a）从①轴往Ⓒ轴看   （b）从③轴往②轴看

（c）从① × ③轴往Ⓒ × ②轴看   （d）隔震支座缺失两个螺栓

照片 2.2.1-19　Ⓒ轴交②轴隔震支座 18 震害

支座 19，Ⓒ × ③轴，未完全复位，呈倾斜状，橡胶层顶部剪切破坏，详照片 2.2.1-20。

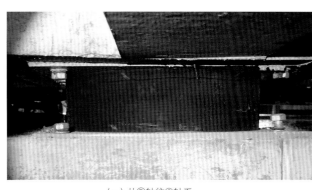

（a）从①轴往Ⓒ轴看   （b）从②轴往③轴看

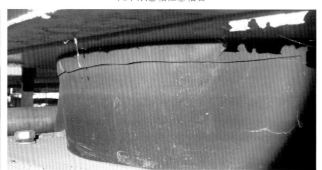

（c）从① × ②轴往Ⓒ × ③轴看   （d）隔震支座橡胶保护层破裂，疑似剪切破坏

照片 2.2.1-20　Ⓒ轴交③轴隔震支座 19 震害

支座 20，Ⓒ×④轴，未发现明显震害，详照片 2.2.1-21。

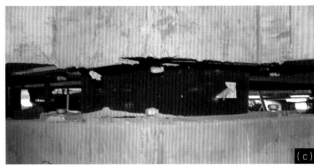

（a）从Ⓓ轴往Ⓒ轴看

（b）从⑤轴往④轴看

（c）从Ⓓ×⑤轴往Ⓒ×④轴看

照片 2.2.1-21　Ⓒ轴交④轴隔震支座 20 震害

支座 21，Ⓒ×⑤轴，未完全复位，呈倾斜状，橡胶层顶部剪切破坏，详照片 2.2.1-22。

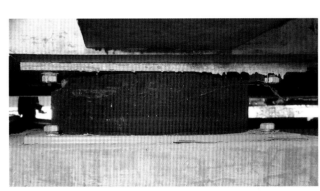

（a）从Ⓓ轴往Ⓒ轴看

（b）从④轴往⑤轴看

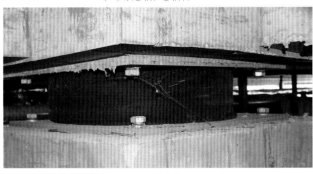

（c）从Ⓓ×④轴往Ⓒ×⑤轴看

（d）隔震支座残余变形明显，橡胶层顶部剪切破坏

照片 2.2.1-22　Ⓒ轴交⑤轴隔震支座 21 震害

支座22，Ⓒ×⑥轴，未完全复位，呈倾斜状，橡胶保护层局部破损，详照片2.2.1-23。

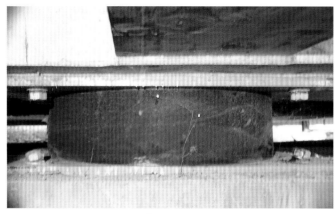

（a）从①轴往Ⓒ轴看　　　　　　　　　　　　（b）从⑦轴往⑥轴看

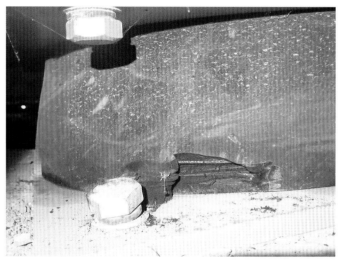

（c）从①×⑦轴往Ⓒ×⑥轴看

（d）隔震支座残余变形明显，橡胶保护层局部破损

照片2.2.1-23　Ⓒ轴交⑥轴隔震支座22震害

支座23，Ⓒ×⑦轴，支座中部轻微外鼓，详照片2.2.1-24。

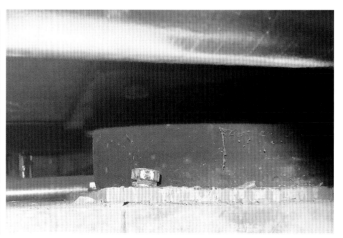

（a）从①轴往Ⓒ轴看　　　　　　　　　　　　（b）隔震支座中部轻微外鼓

照片2.2.1-24　Ⓒ轴交⑦轴隔震支座23震害

支座 24，ⓒ×⑧轴，未完全复位，呈倾斜状，橡胶层顶部剪切破坏，详照片 2.2.1-25。

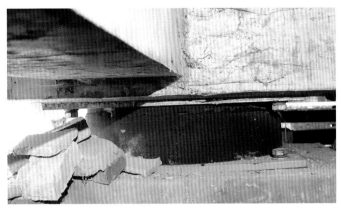

（a）从①轴往ⓒ轴看

（b）从⑦轴往⑧轴看，橡胶层顶部剪切破坏

（c）从①×⑦轴往ⓒ×⑧轴看

（d）橡胶层顶部剪切破坏细部

照片 2.2.1-25　ⓒ轴交⑧轴隔震支座 24 震害

4）Ⓓ轴线隔震支座震害

支座 25，Ⓓ×①轴，未完全复位，呈倾斜状，橡胶层底部剪切破坏，详照片 2.2.1-26。

（a）从ⓒ×②轴往Ⓓ×①轴看，底部剪切破坏

（b）底部剪切破坏细节

照片 2.2.1-26　Ⓓ轴交①轴隔震支座 25 震害

支座26，Ⓓ×②轴，未完全复位，呈倾斜状，橡胶层底部剪切破坏，现场测量滑移量约60mm，详照片2.2.1-27。

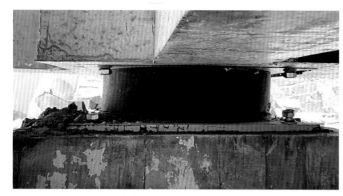

（a）从Ⓒ轴往Ⓓ轴看　　　　　　　　　　　　　（b）从③轴往②轴看，橡胶层底部剪切破坏

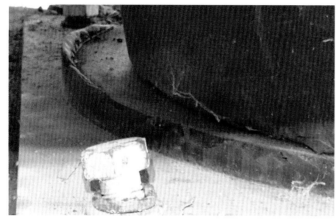

（c）底部剪切破坏细部，支座角部螺栓松动，部分脱出　　　（d）底部剪切破坏，现场测量滑移量约60mm

照片2.2.1-27　Ⓓ轴交②轴隔震支座26震害

支座27，Ⓓ×③轴，未完全复位，呈倾斜状，橡胶层顶部剪切破坏，详照片2.2.1-28。

（a）从Ⓒ轴往Ⓓ轴看，橡胶层顶部剪切破坏

（b）从④轴往③轴看，橡胶层顶部剪切破坏

（c）橡胶层顶部剪切破坏细部

照片2.2.1-28　Ⓓ轴交③轴隔震支座27震害

支座 28，Ⓓ × ④轴，未完全复位，呈倾斜状，详照片 2.2.1-29。

（a）从Ⓒ轴往Ⓓ轴看　　（b）从⑤轴往④轴看

照片 2.2.1-29　Ⓓ轴交④轴隔震支座 28 震害

支座 29，Ⓓ × ⑤轴，未完全复位，呈倾斜状，详照片 2.2.1-30。

（a）从Ⓒ轴往Ⓓ轴看　　（b）从⑥轴往⑤轴看

照片 2.2.1-30　Ⓓ轴交⑤轴隔震支座 29 震害

支座 30，Ⓓ × ⑥轴，未完全复位，呈倾斜状，详照片 2.2.1-31。

（a）从Ⓒ轴往Ⓓ轴看　　（b）从⑦轴往⑥轴看

照片 2.2.1-31　Ⓓ轴交⑥轴隔震支座 30 震害

支座 31，Ⓓ × ⑦轴，未完全复位，呈倾斜状，橡胶层底部剪切破坏，详照片 2.2.1-32。

（a）从Ⓒ轴往Ⓓ轴看　　（b）从⑧轴往⑦轴看，橡胶层底部剪切破坏

照片 2.2.1-32　Ⓓ轴交⑦轴隔震支座 31 震害

支座 32，Ⓓ × ⑧轴，未完全复位，呈倾斜状，橡胶层底部剪切破坏，详照片 2.2.1-33。

（a）从Ⓒ轴往Ⓓ轴看　　　　　　　　　　　　　（b）从⑦轴往⑧轴看，橡胶层底部剪切破坏

照片 2.2.1-33　Ⓓ轴交⑧轴隔震支座 32 震害

2. 隔震沟、出入口震害

现场测量地震后出入口处隔震沟宽度约 650mm。图 2.2.1-2 所示为现场观察测绘的宿舍楼隔震沟及盖板的实际做法，隔震沟盖板为预制钢筋混凝土板，两边分别简支在室外挡土墙和隔震层内紧靠支座处的 120mm 厚砖墙上。地震中上部结构水平移动，将隔震层内砖墙撞倒，盖板被推出，部分隔震沟盖板跌落。根据隔震沟盖板破坏实测，上部结构在地震中沿短向的位移最大峰值为 240~260mm，沿长向的位移最大峰值约 70mm。详照片 2.2.1-34~ 照片 2.2.1-43。入口处盖板跌落将影响地震中人员逃生。

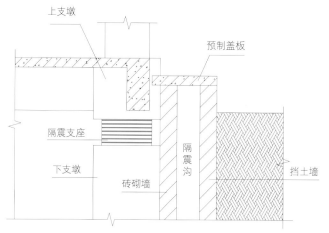

图 2.2.1-2　现场观察测绘的隔震沟及盖板实际做法，砖砌墙被上部结构撞倒，盖板被撞出

（a）沿短向的位移最大峰值为 240~260mm　　　　　　（b）沿长向的位移最大峰值约 70mm

照片 2.2.1-34　隔震沟盖板实测上部结构地震位移峰值

照片 2.2.1-35　隔震沟盖板破坏
（正立面，主出入口左侧）

照片 2.2.1-36　隔震沟盖板破坏
（正立面，主出入口右侧）

照片 2.2.1-37　隔震沟盖板破坏细部
（正立面）

照片 2.2.1-38　隔震沟盖板跌落在隔震层内

照片 2.2.1-39　隔震沟破坏细部，
可见支撑预制盖板的砖墙垮塌

照片 2.2.1-40　隔震沟破坏细部

照片 2.2.1-41　隔震沟 120mm 厚砖墙倒塌

照片 2.2.1-42　正立面主出入口隔震沟盖板跌落，此处隔震沟宽度约 650mm

照片 2.2.1-43　正立面次出入口隔震沟部分盖板跌落

3. 设备管线

隔震层排水管的横管和立管脱离破坏，详照片 2.2.1-44~ 照片 2.2.1-47。

照片 2.2.1-44　隔震层排水管横管和立管脱落破坏（一）

照片 2.2.1-45　隔震层排水管横管和立管脱落破坏（二）

照片 2.2.1-46　隔震层排水管横管和立管脱落破坏（三）

照片 2.2.1-47　隔震层排水管横管和立管脱落破坏（四）

4. 隔震层出入口及空间高度设计问题

（1）隔震层出入口设置在左侧的次出入口楼梯下面，上下时临时搭设木梯，没有任何护栏，对维护使用过程的安全出入不利，详照片2.2.1-48。

（2）隔震层的层高太小，设置管道后局部空间高度仅约600mm。隔震层内设备管线纵横交错布置，导致人员在隔震层内躬身通行都很困难，只能钻过去或爬行通过，可想而知对于携带机具检修和运输更换装置通行就更加困难，详照片2.2.1-49。

照片 2.2.1-48　检修入口没有任何护栏，仅靠一个木梯上下，既不安全又影响使用

照片 2.2.1-49　隔震层空间小，人员通行困难

5. 上部建筑震害

上部结构及非结构构件基本完好，一层钢楼梯休息平台下砌体隔墙有水平裂缝，二层砌体隔墙有水平裂缝。此外，室内物品、柜子等也有倒伏情况。详照片2.2.1-50~ 照片2.2.1-53。

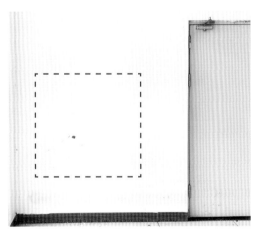

照片 2.2.1-50　二层砌体隔墙裂缝

照片 2.2.1-51　一层钢楼梯休息平台下砌体墙结合处水平裂缝

照片 2.2.1-52　室内家具出现倒伏（一）

照片 2.2.1-53　室内家具出现倒伏（二）

2.2.2 燕子沟镇某行政楼

燕子沟镇某行政楼是一栋办公与教学两用的地上 6 层、地下 1 层建筑。2021 年建成并投入使用。行政楼由主楼及南、北两栋副楼组成,主楼为基础隔震建筑,两栋副楼均为非隔震的 2 层建筑。主楼四周设置隔震沟,沟宽 700mm。主楼与副楼之间设隔震缝,缝宽 700mm。主楼正面的主出入口为一层台阶踏步,主楼背面次出入口为一层平台楼梯,主楼与主、次出入口之间均设隔震缝,缝宽 700mm。建筑长向为 13 跨 14 排柱,主要柱距为 8.1m;短向为 3 跨 4 排柱,柱距为 8.1m+6.6m+7.2m,隔震层层高约 4.2m。详照片 2.2.2-1~ 照片 2.2.2-5、图 2.2.2-1~ 图 2.2.2-3。

隔震层上下隔震支墩尺寸为 1600mm×1600mm,隔震支座为一柱一支座,共计 54 个,其中铅芯橡胶支座（LRB）46 个,天然橡胶支座（LNR）8 个,直径均为 1100mm。此外,沿平面长向和短向各设置 6 组共 12 个黏滞阻尼器,黏滞阻尼器设计阻尼力 700kN,设计位移 600mm。

建筑按 9 度设防设计,本次地震遭遇烈度 9 度,从现场盖板滑移情况测量得出,上部结构的位移最大峰值约 220mm。震后上部结构基本复位,阻尼器全部出现震害,隔震层主要震害表现为部分阻尼器在竖直面内、水平面内屈曲弯折,部分阻尼器埋件拉脱,以及与阻尼器相连的上柱支墩和吊柱破坏;上部建筑主要震害表现为部分填充墙开裂、吊顶跌落、管道破坏、隔震缝盖板跌落、主楼与副楼及出入口结构相连处挤压破坏,以及部分家具、教具、设备、器材倒伏等。

主楼（隔震）

北副楼（非隔震）　　　　南副楼（非隔震）

照片 2.2.2-1　建筑物各单体及周边关系（由中国地震局工程力学研究所陈相兆博士提供）

照片 2.2.2-2　建筑物震后正立面外观

照片 2.2.2-3　建筑物震后背立面外观（由中国地震局工程力学研究所陈相兆博士提供）

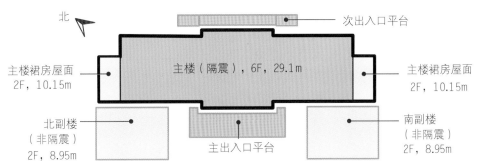

北

次出入口平台

主楼裙房屋面
2F，10.15m

主楼（隔震），6F，29.1m

主楼裙房屋面
2F，10.15m

北副楼
（非隔震）
2F，8.95m

主出入口平台

南副楼
（非隔震）
2F，8.95m

图 2.2.2-1　建筑物平面关系示意图

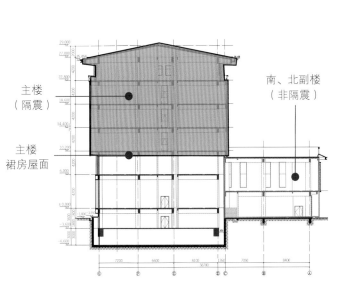

主楼
（隔震）

主楼
裙房屋面

南、北副楼
（非隔震）

图 2.2.2-2　主楼与南、北副楼关系示意图

主楼

主楼
裙房屋面

北副楼

照片 2.2.2-4　主楼与北副楼震后外观

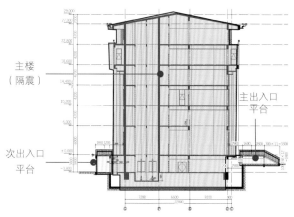

图 2.2.2-3 主、次出入口和主楼关系示意图

照片 2.2.2-5 次出入口震后外观

1．隔震层及隔震支座震害

隔震支座未见明显损伤。详照片 2.2.2-6~ 照片 2.2.2-7。

照片 2.2.2-6 隔震支座震后外观（一）

照片 2.2.2-7 隔震支座震后外观（二）

2．阻尼器及其相关构件震害

隔震层黏滞阻尼器全部出现震害，且均出现在与上柱支墩或吊柱相连端，震害平面分布详图 2.2.2-4。震害表现为阻尼器弯曲破坏、阻尼器拔出破坏、连接件及预埋件破坏、柱支墩或吊柱结构破坏。详照片 2.2.2-8。

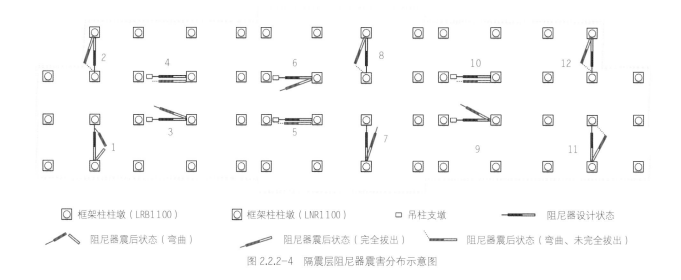

图 2.2.2-4 隔震层阻尼器震害分布示意图

照片 2.2.2-8　隔震层阻尼器震害外观

1）1 号阻尼器及其相关构件震害

阻尼器加长钢套筒中间连接处向下折弯，外露导杆及缸内导杆弯曲，副缸连接螺纹处拉脱，相距 300mm，左右两端连接板变形，详照片 2.2.2-9~ 照片 2.2.2-12。

照片 2.2.2-9　阻尼器整体破坏形态

照片 2.2.2-10　副缸连接螺纹处向下折弯脱开

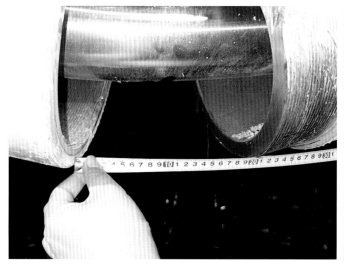

照片 2.2.2-11　副缸连接螺纹处丝扣顶坏，拉脱

照片 2.2.2-12　左右两端连接板弯曲变形

2）2 号阻尼器及其相关构件震害

阻尼器与上柱支墩相连端的导杆折弯，向墙侧偏。上柱支墩的预埋件全部锚筋及部分握裹混凝土被整体拔出，出现整体锚固失效，详照片 2.2.2-13~ 照片 2.2.2-17。

照片 2.2.2-13　阻尼器整体破坏形态　　　　照片 2.2.2-14　阻尼器芯杆折弯，　　照片 2.2.2-15　副缸连接处折弯，

　　　　　　　　　　　　　　　　　　　　　　　　整体向墙偏　　　　　　　　　　　螺纹外露

照片 2.2.2-16　预埋件的锚筋连同部分混凝土被整体拔出（左）

照片 2.2.2-17　现场测量剩余锚筋长度约 300mm（右）

3）3 号阻尼器及其相关构件震害

阻尼器从吊柱拉脱，偏向 4 号阻尼器。吊柱中的预埋板拉脱，大部分锚筋在预埋板焊接处断裂，残留在混凝土中。从细节可见，锚筋为角焊缝焊接。详照片 2.2.2-18~ 照片 2.2.2-21。

照片 2.2.2-18　阻尼器破坏形态，偏向 4 号阻尼器（从西往东看）　　　　照片 2.2.2-19　阻尼器预埋板从吊柱拉脱（从东往西看）

照片 2.2.2-20　预埋板锚筋残留在支墩混凝土中

照片 2.2.2-21　预埋板脱落，残留个别锚筋

4）4 号阻尼器及其相关构件震害

阻尼器从吊柱拉脱，竖向掉落。吊柱中的预埋板拉脱，锚筋在预埋板焊接处断裂，残留在混凝土中。详照片 2.2.2-22~ 照片 2.2.2-25。

照片 2.2.2-22　阻尼器破坏形态，竖向掉落

照片 2.2.2-23　阻尼器从吊柱拉脱

照片 2.2.2-24　预埋板的锚筋被直接从埋板上整齐拉脱

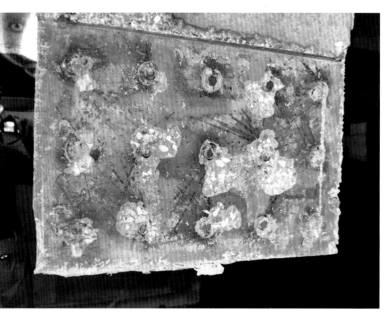

照片 2.2.2-25　预埋板的锚筋残留在吊柱中

5）5号阻尼器及其相关构件震害

阻尼器相连的吊柱柱身混凝土发生剪切破坏，连接处局部混凝土破碎剥落，柱内钢筋外露。详照片2.2.2-26~照片2.2.2-31。

照片2.2.2-26　阻尼器破坏形态（从西往东看）　　　　照片2.2.2-27　阻尼器破坏形态（从东往西看）

照片2.2.2-28　吊柱连接部位混凝土破碎，钢筋外露　　　照片2.2.2-29　吊柱预埋件部位震害细部

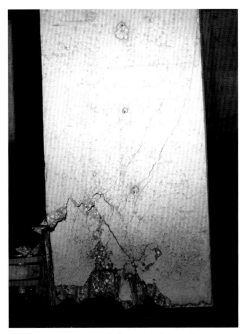
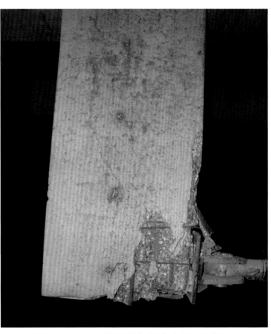

照片2.2.2-30　吊柱柱身裂缝（从东往西看）　　　　照片2.2.2-31　吊柱柱身裂缝（从西往东看）

6）6号阻尼器及其相关构件震害

阻尼器从吊柱拉脱，偏向5号阻尼器。吊柱中的预埋板拉脱，锚筋在预埋板焊接处断裂，残留在混凝土中。详照片2.2.2-32~照片2.2.2-35。

照片2.2.2-32 阻尼器破坏形态，偏向5号阻尼器（从西往东看）

照片2.2.2-33 阻尼器预埋板从吊柱拉脱（从东往西看）

照片2.2.2-34 预埋板上锚筋拉断细节

照片2.2.2-35 预埋板的锚筋残留在混凝土中

7）7号阻尼器及其相关构件震害

阻尼器从上柱支墩拉脱，被甩出近2m，偏向11号阻尼器。柱支墩的预埋件全部锚筋及部分握裹混凝土被整体拔出，柱支墩发生阻尼器杆平面外的剪切破坏。详照片2.2.2-36~照片2.2.2-39。

照片2.2.2-36 阻尼器从支墩脱离后被甩出近2m，偏向11号阻尼器（从北往南看）

照片2.2.2-37 预埋件锚筋连带部分握裹混凝土被整体拔出（从南往北看）

照片 2.2.2-38　阻尼器相连柱支墩破坏形态

照片 2.2.2-39　柱支墩发生剪切破坏，裂缝在阻尼器作用的垂直面开展，表明支墩受到来自阻尼器杆平面外的作用力

8）8 号阻尼器及其相关构件震害

阻尼器整体从柱支墩拉脱，导杆水平面内折弯，偏向 2 号阻尼器。柱支墩的预埋件全部锚筋及部分握裹混凝土被整体拔出。详照片 2.2.2-40~ 照片 2.2.2-45。

照片 2.2.2-40　阻尼器预埋件整体从柱支墩拉脱

照片 2.2.2-41　阻尼器芯杆折弯，偏向 2 号阻尼器

照片 2.2.2-42　副缸连接处折弯，螺纹外露　　　　　　　　　照片 2.2.2-43　阻尼器芯杆水平面内折弯

照片 2.2.2-44　预埋件锚筋及部分握裹混凝土被整体拔出　　　照片 2.2.2-45　柱支墩预埋件连接部位混凝土破坏

9）9号阻尼器及其相关构件震害

阻尼器从吊柱拉脱，偏向10号阻尼器。吊柱中的预埋板拉脱，预埋板大部分锚筋被整齐拉断，残留的3个锚筋可见锚筋端头的附加钢筋机械锚固。吊柱与阻尼器连接处混凝土破坏脱落。详照片 2.2.2-46~ 照片 2.2.2-49。

照片 2.2.2-46 阻尼器破坏形态

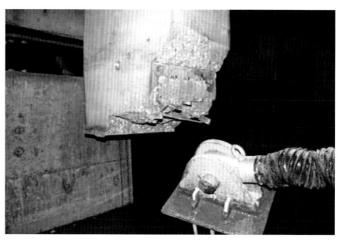

照片 2.2.2-47 吊柱与阻尼器连接处破坏

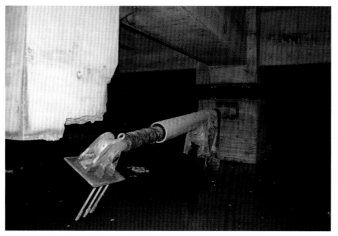

照片 2.2.2-48 阻尼器从吊柱拉脱，偏向 10 号阻尼器

照片 2.2.2-49 预埋板上残留的 3 个锚筋端头设置附加钢筋机械锚固

10）10 号阻尼器及其相关构件震害

阻尼器从吊柱拉脱，吊柱中的预埋件部分锚筋仍连接，未完全脱落。吊柱与阻尼器连接处混凝土破坏脱落。详照片 2.2.2-50~ 照片 2.2.2-53。

照片 2.2.2-50 阻尼器及吊柱破坏形态

照片 2.2.2-51 预埋件整体从吊柱拉脱，连接处混凝土脱落破坏

照片 2.2.2-52　吊柱中的预埋件下部锚筋脱离　　　　　　照片 2.2.2-53　吊柱连接处混凝土破坏

11）11 号阻尼器及其相关构件震害

阻尼器从上柱支墩拉脱，偏向墙体。柱支墩下方与隔震支座相连的预埋板整体向下脱开，脱离柱支墩约 30mm。柱支墩与阻尼器相连的预埋件锚筋及部分握裹混凝土从支墩中被拔出，柱支墩箍筋被锚筋相连的混凝土连带拉出，预埋板弯曲变形严重。详照片 2.2.2-54～照片 2.2.2-57。

照片 2.2.2-54　阻尼器破坏形态，整休从支墩拉脱，偏向墙体　　　照片 2.2.2-55　预埋板卷曲严重，连接处混凝土破碎

照片 2.2.2-56　柱支墩下方与隔震支座相连的预埋板整体向下脱开　　照片 2.2.2-57　与隔震支座相连的预埋板脱离柱支墩约 30mm

12）12号阻尼器及其相关构件震害

阻尼器从上柱支墩中拉脱，偏向8号阻尼器。上柱支墩的预埋件整体拉脱，全部锚筋及部分握裹混凝土从支墩中被拔出。详照片2.2.2-58~照片2.2.2-62。

 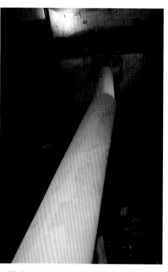 

照片2.2.2-58 阻尼器破坏形态　　　　　　　照片2.2.2-59 阻尼器弯曲方向，　　　照片2.2.2-60 阻尼器导杆弯曲
　　　　　　　　　　　　　　　　　　　　　　　　　　　偏向8号阻尼器

照片2.2.2-61 预埋件锚筋及部分握裹混凝土被整体拔出（一）　　　照片2.2.2-62 预埋件锚筋及部分握裹混凝土
　　　　　　　　　　　　　　　　　　　　　　　　　　　　　　　　　　　　被整体拔出（二）

3. 隔震层环境

隔震层无专门出入通道，在主楼与北副楼之间的隔震缝位置设置临时脚手架钢管梯，用于出入。地震后隔震层大量积水、地面泥泞。详照片2.2.2-63~照片2.2.2-66。

照片 2.2.2-63 隔震层出入通道设置在主楼与北副楼隔震缝处

照片 2.2.2-64 隔震缝位置设置临时脚手架钢管梯,用于出入

照片 2.2.2-65 隔震层污水横流

照片 2.2.2-66 隔震层泥泞满地,雨靴陷于泥潭

4. 出入口处隔震沟震害

正立面主出入口台阶(照片 2.2.2-67)处隔震沟盖板做法示意详图 2.2.2-5,隔震沟宽 700mm,主楼悬挑盖板覆盖在台阶结构板上,盖板与台阶之间的高差处浇筑细石混凝土斜坡以便于人员出入,斜坡坡度为 1:12,宽约 1.8m。地震中,主楼水平位移将平台混凝土斜坡推出 200~220mm,造成面层整体错动破坏。详照片 2.2.2-68~ 照片 2.2.2-74。

照片 2.2.2-67　正立面主出入口台阶外观

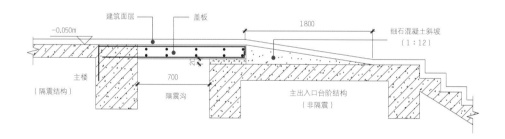

图 2.2.2-5　正立面主出入口隔震沟盖板做法示意图

照片 2.2.2-68　主出入口台阶处隔震沟部位
破坏情况（北侧）

照片 2.2.2-69　主出入口台阶处隔震沟部位破坏情况（南侧）

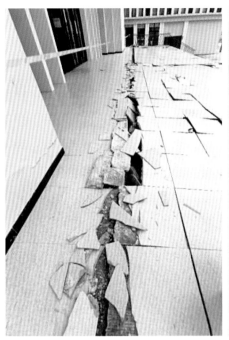 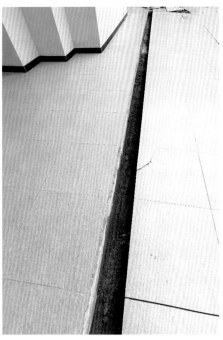 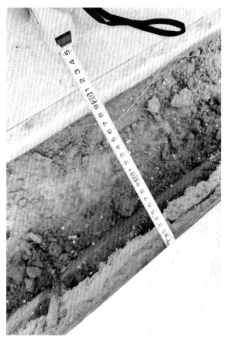

照片 2.2.2-70　主出入口台阶处隔震沟地坪破　　　照片 2.2.2-71　主楼水平位移将平台混凝土斜　　　照片 2.2.2-72　平台混凝土斜坡推出
　　　　　　　　坏情况　　　　　　　　　　　　　　　　　　　坡推出　　　　　　　　　　　　　　　　　　200~220mm

照片 2.2.2-73　斜坡推出后，造成局部最高一阶踏步"消失"　　　照片 2.2.2-74　斜坡推出后，造成局部最低一阶踏步破坏

　　背立面次出入口平台（照片 2.2.2-75）处隔震沟盖板做法示意详图 2.2.2-6，隔震沟宽 700mm，主楼悬挑盖板覆盖在平台结构板上，盖板与平台之间的高差处浇筑细石混凝土斜坡以便于人员出入，斜坡坡度 1：8，宽约 1.2m。地震中，主楼水平位移将平台混凝土斜坡推出 200~220mm，推动整个平台框架向外侧倾斜，框架柱上下端严重破坏。详照片 2.2.2-76~ 照片 2.2.2-90。

照片 2.2.2-75   背立面次出入口平台外观

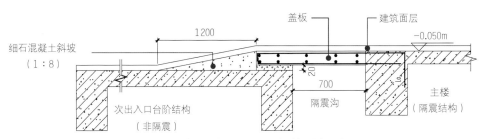

图 2.2.2-6   背立面次出入口隔震沟盖板做法示意图

照片 2.2.2-76   次出入口隔震沟破坏外观

照片 2.2.2-77   次出入口隔震沟破坏
细部（一）

照片 2.2.2-78　次出入口隔震沟破坏细部（二）　　　　照片 2.2.2-79　主楼水平位移将平台混凝土斜坡推出 200~220mm

照片 2.2.2-80　次出入口平台震害外观（北侧）　　　　照片 2.2.2-81　次出入口平台震害外观（南侧）

照片 2.2.2-82　次出入口平台下方　　照片 2.2.2-83　平台填充隔墙震害　　照片 2.2.2-84　主楼结构推动整个平台框架向外侧倾斜
　　　　　　　　震害

照片 2.2.2-85　主楼结构推动整个平台框架向外侧倾斜（一）　　　照片 2.2.2-86　主楼结构推动整个平台框架向外侧倾斜（二）

照片 2.2.2-87　平台框架柱上端破坏（一）　　　　　　照片 2.2.2-88　平台框架柱上端破坏（二）

照片 2.2.2-89　平台框架柱下端破坏（一）　　　　　　照片 2.2.2-90　平台框架柱下端破坏（二）

次出入口下方隔震沟盖板与外部邻近建筑物平台框架柱未留隔震缝，盖板被框架柱卡死，地震中造成周边构件破坏。盖板钢筋采用植筋与主楼连接，主楼水平运动时盖板植筋被拔出，造成盖板破坏，详照片 2.2.2-91～照片 2.2.2-94。

照片 2.2.2-91　次出入口下方隔震沟部位震害（一）

照片 2.2.2-92　次出入口下方隔震沟部位震害（二）

照片 2.2.2-93　盖板植筋被拔出

照片 2.2.2-94　盖板被框架柱卡死

5. 其他隔震沟震害

结构四周设置有隔震沟，结构北侧短边部位建筑水平位移挤压室外土体变形，隔震盖板上下显示有少量错位，详照片 2.2.2-95～照片 2.2.2-97。南侧局部倾斜设置的隔震沟盖板和东侧局部阶梯状设置的隔震沟盖板震后外观，详照片 2.2.2-98、照片 2.2.2-99。

照片 2.2.2-95　结构北侧短边部位建筑水平位移　　照片 2.2.2-96　隔震盖板上下有少量错位　　照片 2.2.2-97　隔震盖板上下有少量错位
　　　　　　　　挤压室外土体变形　　　　　　　　　　　　　　　　　　（从西往东看）　　　　　　　　　　　　　　　（从南往北看）

照片 2.2.2-98　倾斜的隔震沟盖板与下部滑动处震后外观（南侧）　　　　照片 2.2.2-99　阶梯状隔震沟盖板与下部滑动处震后外观（东侧）

6. 隔震缝震害

　　主楼与北副楼的外墙隔震缝立面盖板在地震中大量坠落，详照片 2.2.2-100～ 照片 2.2.2-103。主楼与北副楼屋面北侧隔震缝平面盖板支承在两侧砌体墙上，地震中副楼屋面上的加气混凝土墙破坏严重，仅剩一个构造柱支承隔震缝盖板，详图 2.2.2-7、照片 2.2.2-104～ 照片 2.2.2-106。主楼与北副楼屋面南侧隔震缝部位的副楼女儿墙未与主楼脱开，地震中主楼边梁与副楼女儿墙碰撞而破坏，详照片 2.2.2-107～ 照片 2.2.2-110。

主楼裙房屋面
（隔震）

北副楼

隔震缝（非隔震）

照片 2.2.2-100　主楼与北副楼的外墙隔震缝设置关系

照片 2.2.2-101　外墙隔震缝立面盖板震害

照片 2.2.2-102　外墙隔震缝立面盖板采用木条及木块连接

照片 2.2.2-103　盖板木条及木块连接细部

照片 2.2.2-104 主楼与北副楼的北侧隔震缝破坏情况

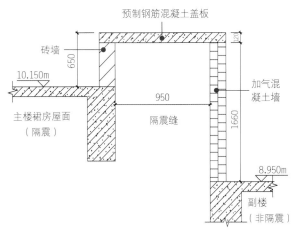

图 2.2.2-7 主楼与北副楼的北侧隔震缝实际做法

照片 2.2.2-105 主楼与北副楼的北侧隔震缝破坏近景（一）

照片 2.2.2-107 主楼与北副楼的南侧隔震缝处边梁被北副楼
女儿墙碰撞

照片 2.2.2-106 主楼与北副楼的北侧隔震缝破坏近景（二）

照片 2.2.2-108 边梁被北副楼女儿墙碰撞细部

照片 2.2.2-109　边梁破坏细部（一）

照片 2.2.2-110　边梁破坏细部（二）

主楼与南副楼隔震缝的设置情况与北副楼类似，但是现场查看发现，主楼边梁下口位于副楼屋面标高以下，地震中主楼边梁与副楼屋面碰撞，造成严重破坏，详照片 2.2.2-111~ 照片 2.2.2-116。

隔震主楼

隔震缝

非隔震副楼

照片 2.2.2-111　主楼与南副楼的隔震缝外观

照片 2.2.2-112　主楼边梁下口位于副楼屋面标高以下，边梁与副楼屋面碰撞造成严重破坏

照片 2.2.2-113　主楼边梁被撞倾斜

照片 2.2.2-114　主楼边梁底倾斜约 55mm

照片 2.2.2-115　主楼边梁破坏细部（一）　　　　　　照片 2.2.2-116　主楼边梁破坏细部（二）

主楼与副楼之间隔震缝处人行通道仅放置简单的钢盖板，未见考虑滑动余量和防坠落措施。部分通道的盖板已脱落或处于悬挂状态，脱落后的盖板坠落至隔震层中。详照片 2.2.2-117~ 照片 2.2.2-123。

照片 2.2.2-117　通道处隔震缝盖板周围破坏严重　　　　　照片 2.2.2-118　通道处隔震缝盖板部分悬挂

照片 2.2.2-119　通道处隔震缝盖板完全坠落　　　　　　照片 2.2.2-120　通道处隔震缝盖板坠落至隔震层中

照片 2.2.2-121　通道处隔震缝顶部盖板震害　　照片 2.2.2-122　通道部位震害　照片 2.2.2-123　从通道下方仰视隔震缝坠落盖板

7. 设备管线

隔震层以及跨越隔震缝的设备管道及桥架未采取能够适应隔震建筑水平位移的柔性连接而被拉脱、挤压破坏。详照片 2.2.2-124~ 照片 2.2.2-135。

照片 2.2.2-127　跨越主楼与相邻副楼之间隔震缝的水管被拉脱，一根长约 2m 的直管从出入口上方掉落

照片 2.2.2-124　跨越主楼与相邻副楼之间隔震缝的水管被拉脱（一）（左上）

照片 2.2.2-125　跨越主楼与相邻副楼之间隔震缝的水管被拉脱（二）（左中）

照片 2.2.2-126　隔震层内消防水管被拉脱（左下）

照片 2.2.2-128 隔震沟管道挤压破坏（左）

照片 2.2.2-129 跨越隔震缝的排水立管从二楼屋面拉脱，跌落在地面上（右）

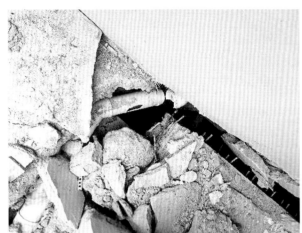

照片 2.2.2-130 穿越隔震缝的电线桥架挤压破坏（一）（左）

照片 2.2.2-131 穿越隔震缝的电线桥架挤压破坏（二）（右）

照片 2.2.2-132 穿越隔震缝的电线桥架挤压破坏（三）（左）

照片 2.2.2-133 穿越隔震缝的电线桥架挤压破坏（四）（右）

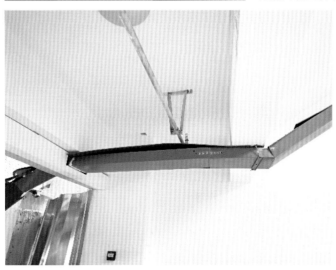

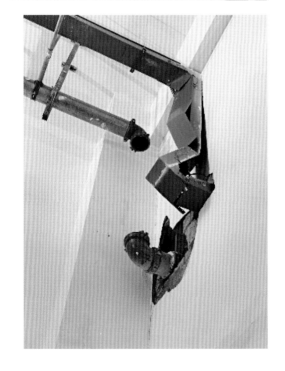

照片 2.2.2-134　位于隔震缝人行通道的电线桥架挤压破坏（一）　　照片 2.2.2-135　位于隔震缝人行通道的电线桥架挤压破坏（二）

8．上部建筑震害

1）楼梯震害

隔震主楼上部建筑采用滑动楼梯，地震中支座处开裂，详照片 2.2.2-136、照片 2.2.2-137。

照片 2.2.2-136　滑动楼梯支座处开裂（一）　　　　　　照片 2.2.2-137　滑动楼梯支座处开裂（二）

2）填充墙开裂

隔震主楼上部填充隔墙多处出现开裂，详照片 2.2.2-138~ 照片 2.2.2-144。

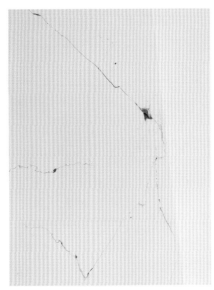

照片 2.2.2-138　上部填充隔墙开裂（一）　　照片 2.2.2-139　上部填充隔墙开裂（二）　　照片 2.2.2-140　上部填充隔墙开裂（三）

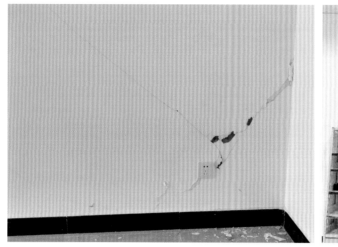

照片 2.2.2-141　上部填充隔墙开裂（四）　　　　　照片 2.2.2-142　上部填充隔墙开裂，最大裂缝宽度约 4mm

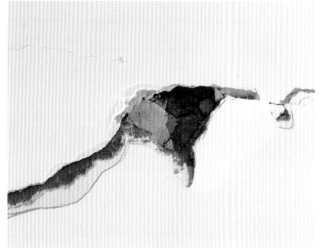
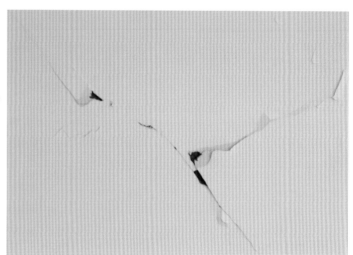

照片 2.2.2-143　上部填充隔墙开裂细部（一）　　　　　照片 2.2.2-144　上部填充隔墙开裂细部（二）

3）吊顶

隔震主楼上部建筑走廊吊顶和挡烟垂壁多处出现破坏，详照片 2.2.2-145～ 照片 2.2.2-148。

照片 2.2.2-145　走廊吊顶坠落（一）　　　　　照片 2.2.2-146　走廊吊顶坠落（二）

照片 2.2.2-147　走廊挡烟垂壁挤压破碎

照片 2.2.2-148　挡烟垂壁玻璃破碎后跌落在走廊上

4）室内物品

隔震主楼上部建筑办公家具、文件柜、教具、设备、器材等多处出现倾倒。物品大多沿建筑物短向倾倒。详照片 2.2.2-149~ 照片 2.2.2-159。

照片 2.2.2-149　位于六层的办公家具倾斜

照片 2.2.2-150　位于六层的办公家具倾倒（一）

照片 2.2.2-151　位于六层的办公家具倾倒（二）　　照片 2.2.2-152　位于六层的　　照片 2.2.2-153　位于上部建筑中间楼层的文件柜和电
　　　　　　　　　　　　　　　　　　　　　　　　　　　　　　　　文件柜倾倒　　　　　　　　　　　　　　　脑倾倒

照片 2.2.2-154　位于上部建筑的桌椅倾倒　　　　　　　　　照片 2.2.2-155　位于一层的机电
　　　　　　　　　　　　　　　　　　　　　　　　　　　　　　　　机柜倾倒

照片 2.2.2-156　位于一层沿建筑短向放置的教学标本和陈列柜　　　照片 2.2.2-157　位于一层沿建筑短向放置的教学标本和陈列柜
　　　　　　　　倾倒破坏（一）　　　　　　　　　　　　　　　　　　　　　　倾倒破坏（二）

照片 2.2.2-158　位于一层沿建筑短向放置的教学标本和陈列柜
倾倒破坏（三）

照片 2.2.2-159　位于一层沿建筑短向放置的教学标本和陈列柜
倾倒破坏（四）

9. 相邻建筑南、北副楼震害

南、北副楼为非隔震建筑，震后部分填充隔墙和外墙出现开裂破坏，详照片 2.2.2-160~ 照片 2.2.2-164。

照片 2.2.2-160　北副楼填充隔墙裂缝（一）

照片 2.2.2-161　北副楼填充隔墙裂缝（二）

照片 2.2.2-162　北副楼填充隔
墙裂缝细部

照片 2.2.2-163　北副楼填充外墙裂缝

照片 2.2.2-164　南副楼填充外墙裂缝

2.2.3　康定市某酒店

　　康定市某酒店,遭遇烈度6度。平面形状近矩形,地上14层,地下1层为停车场,高度49.95m,采用框架－剪力墙结构,2014年开始修建。酒店地下室柱间设置隔震支座,隔震支座下的柱顶设拉梁。地下室外墙及填充隔墙与隔震支座连为一体,支座位移受限。设备管线跨越隔震层未设置柔性连接。四周隔震沟盖板与室外路面连为一体,无法移动。详照片2.2.3-1~照片2.2.3-17。

照片2.2.3-1　康定市某酒店外观

照片2.2.3-2　地下室柱顶部分隔震支座布置情况

照片2.2.3-3　地下室外墙与隔震支座连为一体,支座位移受限

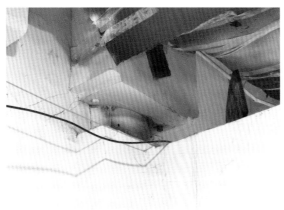

照片2.2.3-4　地下室外墙把隔震支座嵌死

照片2.2.3-5　填充隔墙把隔震支座嵌死

照片 2.2.3-6　楼梯墙把隔震支座嵌死　　　　照片 2.2.3-7　地下室外墙把隔震支座嵌死　　　　照片 2.2.3-8　角柱隔震支座被墙体双向嵌死

照片 2.2.3-9　电缆桥架、水管跨越隔震层　　　　　　　　照片 2.2.3-10　风管和水管跨越隔震层

照片 2.2.3-11　设备管线跨越隔震层（一）　　　照片 2.2.3-12　设备管线跨越隔震层（二）　　　照片 2.2.3-13　设备管线跨越隔震层（三）

照片 2.2.3-14　隔震沟与室外路面连为一体

照片 2.2.3-15　隔震沟与室外台阶路面连为一体

照片 2.2.3-16　机动车坡道入口处隔震沟与坡道连为一体

照片 2.2.3-17　隔震建筑被室外花台挡住

2.2.4　康定市某大厦

　　康定市某大厦功能为办公和住宅,遭遇烈度 6 度。地上 14 层,地下 1 层为停车场,采用框架－剪力墙结构。地下室柱间设置隔震支座,隔震支座下的柱顶设拉梁。电梯井墙跨越隔震层,上下层连为一体,无法有效水平位移。设备管线跨越隔震层未设置柔性连接。四周隔震沟盖板与室外路面连为一体,无法移动。详照片 2.2.4-1～照片 2.2.4-11。

照片 2.2.4-1　康定市某大厦外观

照片 2.2.4-2　隔震支座布置情况

照片 2.2.4-3　电梯井墙跨越隔震层，上下层连为一体，无法
移动（一）

照片 2.2.4-4　电梯井墙跨越隔震层，上下层连为一体，无法
移动（二）

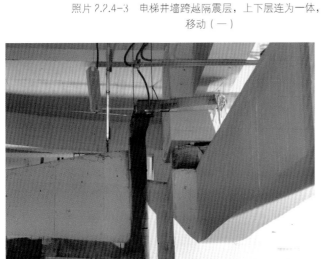

照片 2.2.4-5　桥架穿越隔震层

照片 2.2.4-6　管道穿越隔震层

照片 2.2.4-7　隔震沟与室外路面连为一体（一）照片 2.2.4-8　隔震沟与室外路面连为一体（二）照片 2.2.4-9　隔震沟与室外路面连为一体（三）

照片 2.2.4-10　隔震沟与室外路面连为一体（四）

照片 2.2.4-11　隔震沟与室外路面连为一体（五）

2.2.5　康定市某学生宿舍

康定市某学生宿舍，遭遇烈度 6 度。地上 6 层，无地下室，采用框架 - 剪力墙结构，设置结构缝将其划分为两个结构单元，单元之间缝宽约 300mm。左侧挡墙和围墙与隔震建筑连为一体，限制建筑自由移动。隔震缝内设置了直径约 250mm 的水管，地震中建筑往返运动会造成水管挤压破坏。穿越隔震层的设备管线未见柔性连接。检修出入口设置在楼梯下方，口部狭小逼仄，难以满足检修时携带工具和更换支座时的通行需求。地震中建筑物往返运动会导致隔震沟裸露在外，存在人员疏散时的坠落风险。详照片 2.2.5-1～ 照片 2.2.5-10。

照片 2.2.5-1　康定市某学生宿舍外观

照片 2.2.5-2　右侧为隔震学生宿舍，被左侧挡墙和围墙嵌死，移动受限

照片 2.2.5-3　隔震层隔震支座布置

照片 2.2.5-4　两栋相邻隔震单体之间缝宽约 300mm

照片 2.2.5-5　250mm 直径水管设置在缝间

照片 2.2.5-6　设备管道跨越隔震层，未见柔性连接

照片 2.2.5-7　设备管道穿越侧墙细部

照片 2.2.5-8　隔震层检修出入口狭小逼仄

照片 2.2.5-9　室外隔震沟可滑动，地震中建筑物往返运动会导致隔震沟裸露在外，存在人员疏散时的坠落风险（左）

照片 2.2.5-10　室外排水管直接跨越隔震层，无柔性连接，地震时排水管存在错断风险（右）

2.2.6 康定市某教师公寓

康定市某教师公寓,遭遇烈度6度。地上14层,地下1层为隔震层。现场发现隔震层内有大量积水。地下室设备管线穿越隔震层,无柔性连接。建筑水平移动受排水管保护墩影响。隔震层检修出入口狭小(700mm见方)且设置在室外,孔口安放简易盖板,存在安全隐患。详照片2.2.6-1~照片2.2.6-8。

照片2.2.6-1 康定市某教师公寓外观

照片2.2.6-2 地下室隔震层积水情况

照片2.2.6-3 设备管线穿越隔震层,无柔性连接(一)

照片2.2.6-4 设备管线穿越隔震层,无柔性连接(二)

照片2.2.6-5 设备管线穿越隔震层,无柔性连接(三)

照片2.2.6-6 建筑水平移动受排水管保护墩影响(一)

照片2.2.6-7 建筑水平移动受排水管保护墩影响(二)

照片2.2.6-8 隔震层检修出入口狭小(700mm见方)且设置在室外,孔口安放简易盖板,存在安全隐患

2.2.7　康定市某住宅小区

　　康定市某住宅小区，遭遇烈度6度。地上11层，地下1层设置隔震层。现场发现隔震层污水深积，并有各种垃圾。建筑背面悬挑结构与室外高起的路面结构连为一体，正面和侧面隔震沟与室外路面连为一体，水平移动受阻。穿越隔震层设备管线未见柔性连接。隔震层检修出入口狭小，直径约600mm，且设置于室外公共空间，存在安全隐患。详照片2.2.7-1~照片2.2.7-11。

照片2.2.7-1　康定市某住宅小区外观

照片2.2.7-2　隔震层污水深积，并有各种垃圾

照片2.2.7-3　穿越隔震层设备管线未见柔性连接（一）

照片2.2.7-4　穿越隔震层设备管线未见柔性连接（二）

照片2.2.7-5　建筑背面结构与室外路面结构连为一体（从路面结构以下看）（一）

照片2.2.7-6　建筑背面结构与室外路面结构连为一体（从路面结构以下看）（二）

照片2.2.7-7　建筑背面悬挑结构与室外高起的路面结构连为一体（从路面结构以上看）

照片 2.2.7-8　正面隔震沟与室外路面连为一体　　　　　　照片 2.2.7-9　侧面隔震沟与室外路面连为一体

照片 2.2.7-10　检修出入口狭小，直径约 600mm　　　　照片 2.2.7-11　检修孔设置于室外公共空间，存在安全隐患

2.2.8　康定市某高层建筑

　　康定市某商业和住宅高层建筑，遭遇烈度 6 度。地上 14 层，地下 1 层，基础隔震。设备管线穿越隔震层未见柔性连接。经现场调查，建筑竣工后经过屡次加建，背面加建的一层走廊和侧面的台阶等将隔震建筑紧密围住，影响地震中隔震建筑的水平移动。详照片 2.2.8-1～照片 2.2.8-9。

照片 2.2.8-1　康定市某高层建筑正面
外观

照片 2.2.8-2　建筑背面外观

照片 2.2.8-3　隔震层现状（一）

照片 2.2.8-4　隔震层现状（二）

照片 2.2.8-5　穿越隔震层设备管线未
见柔性连接（一）

照片 2.2.8-6　穿越隔震层设备管线未
见柔性连接（二）

照片 2.2.8-7　背面加建的一层走廊

照片 2.2.8-8　背面加建的一层走廊的台阶

照片 2.2.8-9　侧面加建的台阶

2.2.9　泸定县某住院楼

　　泸定县某住院楼，遭遇烈度 7 度。采用框架结构，底层隔震，隔震支座在柱中布置。隔震支座被填充墙体嵌死，移动受限。设备管线跨越隔震层，未见柔性连接。相邻的建筑物和钢连廊、台阶等未能与隔震建筑脱开，限制了隔震建筑的变形。地震中上部建筑局部填充隔墙开裂，屋顶的医疗设备受地震影响不能正常使用。详照片 2.2.9-1～照片 2.2.9-19。

照片 2.2.9-1　泸定县某住院楼外观　　　　　　照片 2.2.9-2　隔震支座被砌筑的填充墙体嵌死（一）

照片 2.2.9-3　隔震支座被砌筑的填充墙体嵌死　　照片 2.2.9-4　隔震支座被砌筑的填充墙　　照片 2.2.9-5　隔震支座被砌筑的填充墙体
（二）　　　　　　　　　　　　　　　　　体嵌死（三）　　　　　　　　　　嵌死（四）

照片 2.2.9-6　隔震支座被砌筑的填充墙体嵌死（五）　　　　照片 2.2.9-7　隔震支座被砌筑的填充墙体嵌死（六）

照片 2.2.9-8　穿越隔震层设备管线未见柔性连接（一）　照片 2.2.9-9　穿越隔震层设备管线未见柔性连接（二）　照片 2.2.9-10　穿越隔震层设备管线未见柔性连接（三）

照片 2.2.9-11　钢连廊顶住隔震建筑，阻碍水平位移　照片 2.2.9-12　相邻建筑物紧靠隔震建筑，阻碍水平位移　照片 2.2.9-13　台阶正对隔震建筑修建，阻碍水平位移

照片 2.2.9-14　侧面钢楼梯依附隔震建筑修建，阻碍水平位移　照片 2.2.9-15　上部建筑填充隔墙裂缝（一）　照片 2.2.9-16　上部建筑填充隔墙裂缝（二）

照片 2.2.9-17　屋顶设备受地震影响不能正常使用（一）　照片 2.2.9-18　屋顶设备受地震影响不能正常使用（二）　照片 2.2.9-19　屋顶设备受地震影响不能正常使用（三）

2.2.10 康定市某活动中心

康定市某活动中心,遭遇烈度6度。上部结构局部设置消能支撑,嵌在玻璃窗中,当地震发生时,消能支撑的工作变形将造成玻璃破碎。详照片2.2.10-1、照片2.2.10-2。

照片2.2.10-1 康定市某活动中心外观 　　照片2.2.10-2 消能支撑嵌在玻璃窗中

2.3 思考与建议

1.震害及现状小结

(1)部分隔震建筑的减隔震产品及连接构件破坏严重。出现隔震支座钢板与橡胶之间滑移破坏、橡胶层爆裂,黏滞阻尼器屈曲、管套脱离、连接耳板弯曲、预埋件破坏等情况。

(2)隔震层部分柱支墩、吊柱等结构构件发生剪切破坏、混凝土破碎。上部结构与相邻建筑撞击发生严重破坏。

(3)隔震沟、隔震缝构造做法不当,造成人员通行踏板坠落、限制隔震建筑的水平移动等,影响地震中逃生通道和震后的正常使用功能,存在结构安全风险。

(4)隔震层空间高度过小,设备管线纵横交错,检修人员通行艰难。部分检修出入口尺寸过小,影响人员、设备的出入;检修口设置在室外公共空间且没有封锁装置,存在安全隐患。

(5)隔震建筑的设备管线在跨越隔震层和隔震缝时未采用柔性连接,地震中会被拉脱或弯折,影响震后正常使用。

(6)隔震层渣石堆积、深积水、潮湿脏乱等环境将加速减隔震产品及金属附件的腐蚀,也不便于减隔震产品的定期检查检修。

(7)加建建筑、市政路面未与隔震建筑主体有效脱离,严重影响隔震建筑在地震时的安全和正常使用。

2.思考

(1)减隔震技术是减小建筑震害的有效手段,同时也是一个应用性强、产业链长的工程技术,任一环节的失误都将影响减隔震技术的作用发挥。当大规模广泛应用时,需要足够数量和广泛分布的设计、图审、产品生产、施工、监理等具备减隔震专业的工程技术人员,以支撑减隔震技术的应用。

(2)关于设计:相比抗震建筑,减隔震建筑的设计关注点应更多。对于结构整体及构件性能、隔震产品参数等,均需要结构工程师进行仔细分析和设计,尤其需要关注隔震相关的构造设计。除结构专业外,建筑专业对隔震层与室外的构造设计也直接影响隔震效果,设备管道的连接设计也决定了建筑在震后能否继续使用。根据本次震害暴露的设计问题并结合目前行业现状分析可知,随着近20年来的快速建设,在工程进度紧、设计收费低的情况下,工程师用近乎"菜单式"的设计方式,以快速输出施工图为目标来"完成设计任务",这种设计习惯对于常规项目还能应付,但对于减隔震建筑就容易出现问题。部分设计师不了解产品性能参数,只能依赖产品厂家完成分析和设计,而厂家对项目的全貌、特点及结构整体性能可能并不完全了解,按照定势思维进行计算设计,加之双方沟通不畅,就会给工程留下严重安全隐患。建筑与机电专业也大多认为隔震设计只是结构专业的事情,与本专业关系不大,对隔震沟关键节点构造做法、穿越隔震沟的管线要求等,常常仍按照抗震结构进行设计,从而影响了最终的隔震效果及建筑震后使用。

(3)关于产品:减隔震产品的质量及其检验是保证减隔震建筑安全及减隔震效果的关键要素。随着项目需求的日益增多,大量减隔震产品制造厂家快速成立并进入市场,产品质量良莠不齐,存在外包和贴牌现象。现有的检验内容与减隔震产品在地震中或近断层强震中的真实动力行为存在一定差距，具备完善检验能力和检验设备的检验机构数量与市场需求存在差距。

（4）关于施工：减隔震施工和监理是减隔震技术在项目应用上的最终实施者，如果缺乏减隔震意识，对相关技术缺乏基本了解和掌握，在施工过程中，容易出现为了施工操作便利性而改变细节做法、牺牲减隔震性能的情况，其建造完成的建筑难以达到减隔震预期目标。

（5）减隔震与抗震的技术特点不同，有各自的适用范围。我国现有的抗震技术是经过几代技术人员不懈研究、不断在应用和震害中迭代完善的成熟技术，减隔震技术是对我国抗震技术体系的很好补充，希望与抗震技术各自发挥技术长处，比翼双飞。

3．建议

（1）加强减隔震建筑的设计质量管控。设计单位不应简单地将减隔震部分外包或委托给厂家进行"专项设计"而与"整体设计"脱节，避免设计师自己不了解减隔震产品的各项性能参数，不做含减隔震的整体模型分析，从而出现减隔震设计缺乏设计单位参与的现象。设计师应与产品供应商进行充分沟通，论证产品关键参数的可实施性和合理性，避免减隔震设计的关键参数成为厂商一家之言。同时，加强设计各专业的配合，建筑与机电专业设计师应关注隔震沟及设备管道的构造做法能否满足地震中建筑物的位移要求。

（2）震害显示减震阻尼器预埋件与柱支墩、吊柱大量脱落，应加强锚筋与连接板的焊接质量，采取足够的锚筋锚固长度及锚筋边距等措施以确保有效锚固。隔震沟盖板设计应保证在地震时不出现隔震沟暴露的情况，以便于人员安全疏散。适当增加隔震层层高，合理设置检修出入口位置、尺寸及爬梯，便于人员安全、方便地通行和有效管理。在隔震层安装（包含新建隔震建筑的安装和既有隔震建筑的补装）地震位移轨迹记录仪，记录隔震支座在地震作用下的工作状态，积累技术资料，为进一步完善和提高隔震技术提供依据。

（3）加强对减隔震产品的研发，包括近断层地震波脉冲下（快速变速）的结构响应及产品性能研究。近断层地震有较大的竖向加速度脉冲，建筑物将同时出现水平和竖向运动，目前黏滞阻尼器的连接构造往往是单向铰或另一向可有限转动，应进一步评估近断层建筑中黏滞阻尼器与隔震支座的同层混合使用，能否满足水平和竖向同时往返运动的行程要求，以保证阻尼器正常工作。

（4）进一步完善和实施橡胶隔震支座的相关检验标准和试验方法，包括双向加载、快速加载、足尺支座试验等，应对隔震支座复位能力作出要求。

（5）加强对减隔震产品的质量管控，包括隔震支座、抗拔装置、消能阻尼器等。严禁供应商忽略每个项目的具体特性，采取外包、贴牌等方式提供产品。产品检验环节，应严格执行现场随机抽样的方式，避免生产厂家送检；由建设单位、设计单位、施工总承包单位、监理单位到现场见证取样，应进行抽检支座的极限变形检验试验。

（6）加强产品施工安装人员、土建工程师及设计师的现场交流沟通，避免为了施工操作便利而擅自改变设计要求的细节做法，牺牲了减隔震性能的情况（如预埋件安装困难时随意断筋、隔震沟现浇盖板改为预制盖板等）。制定减隔震专项施工方案。监理单位应对减隔震相关施工做好质量监督和记录。

（7）建设单位有责任防止改扩建及市政道路对隔震建筑的位移限制；定期维护隔震层，不得将建筑垃圾、杂物等占据隔震层，保证隔震层有良好的工作环境。

（8）加强减隔震技术的设计、审图、施工、监理等相关人员的专业能力培训，强化减隔震意识。在注册结构工程师、注册建筑师、注册公用设备工程师、注册建造师等相关技术人员的教育培训中纳入减隔震技术相关内容，从准入制度上，保障相关技术人员的专业能力。

（9）为保证减隔震建筑的设计质量，将减隔震设计内容单项列出，相应设计费也作单项考虑，设计周期相应延长；加大审图机构对减隔震项目的审查力度，对减隔震关键设计参数、关键构造大样等进行全专业、全方位、全要素的严格审查。

（10）建立健全减隔震产品生产、制作、检验的信誉体系，建立产品认证制度，将相关企业纳入各地建筑市场责任主体不良行为记录的管理范围，确保合格产品在市场上得以使用；将减隔震建筑工程业绩和承揽要求纳入《建筑业企业资质标准》管理范围。

（11）建立减隔震建筑的年审制度，由建设单位定期申报减隔震建筑的使用状况，重点关注减隔震产品状态、隔震层、隔震沟、设备管线、改扩建等关键要素，确保减隔震建筑能够正常使用；对减隔震建筑开展专项排查工作，重点检查设计、产品、施工及使用维护等方面的质量。

（12）研究和建立健全减隔震技术应用保障机制，包括：配套的政策法规体系、相关地方标准、技术支撑体系、产品检测要求和减隔震专家库。

3 框架结构
Framework Structure

3.1 概况

在本次地震中，采用框架结构的建筑有住宅、医院、办公、酒店、学校及自建房等，位于遭遇烈度9度的地区有38栋，其中9栋主体结构明显破坏，29栋主体结构未见破坏但是有隔墙损伤（7栋为自建房和医院，22栋为公共建筑）；其余位于遭遇烈度6~8度的地区，大部分为医疗建筑。

3.1 Overview

In this earthquake, frame structure buildings included residences, hospitals, offices, hotels, schools, and self-built houses. There were 38 such buildings located in areas experiencing a seismic intensity of IX. Among them, 9 buildings suffered significant damage to their main structures, while 29 buildings had no damage to their main structures but small damage to infilling walls (7 of which were self-built buildings, and 22 were public buildings). The remaining buildings were located in areas experiencing seismic intensities of VI to VIII, and most of them were medical buildings.

3.2 框架结构震害

3.2.1 贡嘎大道博物馆

贡嘎大道博物馆位于泸定县磨西镇贡嘎大道西侧，设计抗震设防烈度为9度，本次地震遭遇烈度9度。建筑功能为展览，分为北楼、西楼、东楼和南楼，四个楼栋围合而建。西楼紧邻磨西台地西侧陡坡，水平距离20~30m，至坡底高差约100m；东楼在西楼内侧，距离台地西侧陡坡较远，水平距离约100m；北楼呈回字形（设有抗震缝）独立设置；南楼呈回字形（设有抗震缝）与西楼、东楼位置相接，详图3.2.1-1、图3.2.1-2、照片3.2.1-1~照片3.2.1-3。

建筑物于2013年开始陆续施工，主体结构已完工，部分在进行装修。西楼和东楼建筑相同，均为2层框架结构。西楼一层无建筑地坪，未使用；东楼一层有建筑地坪，为临时堆场。西楼由一道结构缝分为南、北两个单体，地震中，西楼南单体一层框架柱普遍出现严重破坏、部分错断，导致二层整体向陡坡侧倾斜；西楼北单体端部设有楼梯，框架柱普遍出现严重破坏，但建筑未发生倾斜。东楼部分框架柱出现柱端破坏，震害小于西楼两个单体。北楼为2层框架结构，地震中部分框架柱柱端出现损伤，部分填充墙破坏较为严重。南楼为3层框架结构，个别框架柱柱端出现损伤。整体而言，临近陡坡的西楼震害明显大于其他各楼，详照片3.2.1-4。

陡坡　　　北楼　　　西楼 中庭　东楼　南楼

图3.2.1-1　贡嘎大道博物馆位于磨西台地边缘（源自网络）

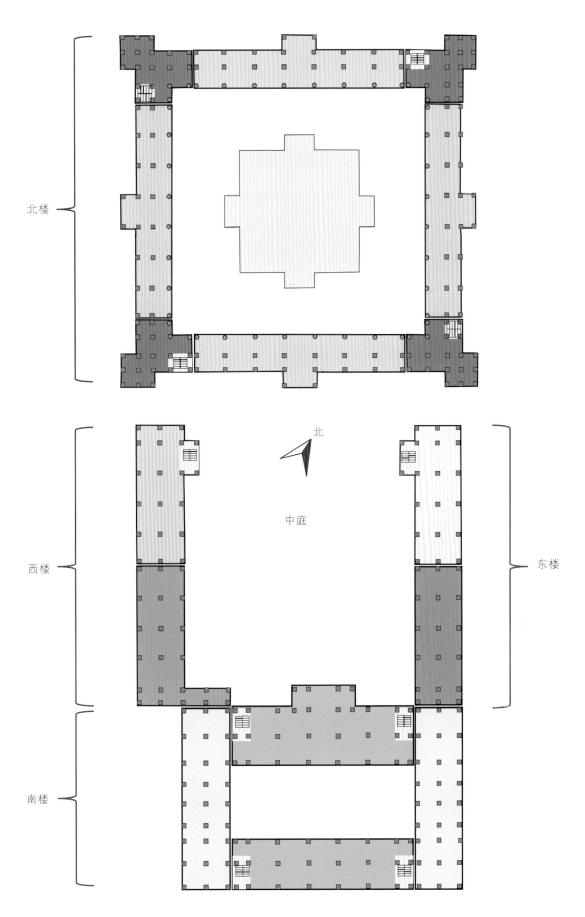

图 3.2.1-2　贡嘎大道博物馆各栋楼平面关系图

陡坡　　北楼　西楼　中庭　东楼　南楼

照片 3.2.1-1　各栋楼位置关系，地震后实景（由中国地震局工程力学研究所陈相兆博士提供）

照片 3.2.1-2　北楼震后实景（由中庭往北看）

东楼　　　　　　　南楼　　　　　　　西楼

照片 3.2.1-3　东楼、南楼、西楼震后实景（由中庭往南看）

照片 3.2.1-4 震后实景（由中国地震局工程力学研究所陈相兆博士提供）

1. 贡嘎大道博物馆西楼

西楼平面呈矩形，长度约 72m，宽度约 15m，由一道结构缝分为南、北两个单体。地震中，西楼震害均集中在框架柱，框架梁未见损伤。其中，一层全部框架柱损伤，二层南单体个别框架柱损伤，二层北单体框架柱未见损伤，南单体二层整体向陡坡侧倾斜。详图 3.2.1-3、照片 3.2.1-5~ 照片 3.2.1-40。

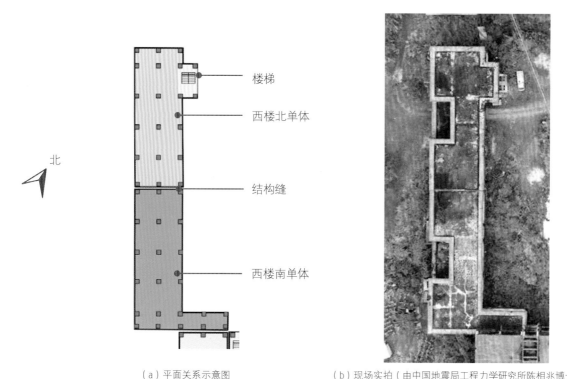

（a）平面关系示意图　　　　（b）现场实拍（由中国地震局工程力学研究所陈相兆博士提供）

图 3.2.1-3 西楼平面关系

——西楼北单体

——结构缝

——西楼南单体

照片 3.2.1-5　西楼南单体倾斜（由中国地震局工程力学研究所陈相兆博士提供）

照片 3.2.1-6　西楼南单体西侧震后外观（由中国地震局工程力学研究所陈相兆博士提供）

北单体　　　南单体

照片 3.2.1-7　西楼北单体西侧震后外观（一）

照片 3.2.1-8　西楼北单体西侧震后外观（二）

照片 3.2.1-9　西楼东侧震后外观

照片 3.2.1-10　西楼南单体南端震后外观

————— 南单体二层整体倾斜

照片 3.2.1-11　西楼南单体一层震后内景（由北向南看）（一）

照片 3.2.1-12　西楼南单体一层震后内景（由北向南看）（二）

照片 3.2.1-13　西楼南单体一层震后内景（由南向北看）（一）

照片 3.2.1-14　西楼南单体一层震后内景（由南向北看）（二）

照片 3.2.1-15　西楼南单体一层震后内景（由南向北看）（三）

照片 3.2.1-16　西楼北单体一层震后内景（由南向北看）（一）

照片 3.2.1-17　西楼北单体一层震后内景
（由南向北看）（二）

照片 3.2.1-18　西楼北单体一层震后内景
（由南向北看）（三）

照片 3.2.1-19　西楼北单体一层震后内景
（由北向南看）（一）

照片 3.2.1-20　西楼北单体一层震后内景（由北向南看）（二）

北单体

结构缝处
南单体二层整体倾斜

南单体

照片 3.2.1-21　西楼南单体二层震后内景（由南向北看）（一）

北单体

结构缝处
南单体二层整体倾斜
南单体

照片 3.2.1-22　西楼南单体二层震后内景（由南向北看）（二）

结构缝处
南单体二层整体倾斜

南单体

北单体

照片 3.2.1-23　西楼南单体二层震后内景
（由北向南看）

照片 3.2.1-24　西楼北单体二层震后内景
（由南向北看）

照片 3.2.1-25　西楼北单体二层震后内景
（由东向西看）

照片 3.2.1-26 西楼北单体二层震后内景（由北向南看）

照片 3.2.1-27 西楼南单体一层东侧墙体倾斜严重

北单体

南单体

照片 3.2.1-28 西楼南单体二层倾斜

照片 3.2.1-29　西楼二层结构缝处框架柱错位（一）　　　　照片 3.2.1-30　西楼二层结构缝处框架柱错位（二）

西楼一层框架柱震害主要表现为：柱顶开裂、钢筋外露弯曲、混凝土压溃以及错断破坏；柱底开裂、混凝土剥落后钢筋外露、柱错断以及钢筋"灯笼状"压溃破坏。其中，框架上端因现浇雀替装饰，形成梁加腋，且未设置足够抗震加强措施，进一步加剧了"强梁弱柱"效应，框架柱上端破坏均位于雀替下方，震害严重。南单体震害明显大于北单体。南单体框架柱震害详照片 3.2.1-31～照片 3.2.1-36，北单体框架柱震害详照片 3.2.1-37～照片 3.2.1-39。西楼二层震害主要集中在南单体，部分框架柱柱端开裂，与一层相比，震害较轻。详照片 3.2.1-40。

照片 3.2.1-31　框架柱震后全景，左为西侧柱，右为中柱　　　　照片 3.2.1-32　框架柱震后全景，左为中柱，右为东侧柱

照片 3.2.1-33　南单体西侧柱上端向西错断，上部结构倾斜

（a）框架柱上端受雀替影响，错断后偏至建筑物外侧，仅钢筋拉结

（b）柱错断后偏至建筑物外侧，顶到二层楼板标高

（c）柱错断后偏至建筑物外侧

（d）柱上端混凝土压碎脱落，钢筋弯曲

（e）柱下端弯剪裂缝，受窗台墙影响（一）　　　　　　　（f）柱下端弯剪裂缝，受窗台墙影响（二）

照片 3.2.1-34　南单体西侧柱震害

（a）柱上端错断，仅钢筋拉结　　　　　　　　　　　　　（b）柱上端断裂错位，顶住雀替

（c）柱上端混凝土严重破碎，钢筋扭曲变形　　　　　　　（d）柱上端断裂错位，断裂面平整光滑

（e）柱上端混凝土剥离，钢筋外露（一）

（f）柱上端混凝土剥离，钢筋外露（二）

（g）柱上端混凝土破碎脱落，钢筋外露弯曲（一）

（h）柱上端混凝土破碎脱落，钢筋外露弯曲（二）

（i）柱下端错断偏位

（j）柱下端混凝土压溃，钢筋呈"灯笼状"

（k）柱下端剪切破坏，混凝土脱落，裸露钢筋外鼓（一）　　　　　　　　（l）柱下端剪切破坏，混凝土脱落，裸露钢筋外鼓（二）

照片 3.2.1-35　南单体中柱震害

（a）柱上端断裂错位

（b）柱上端混凝土压碎，钢筋裸露

（c）柱上端混凝土剥落，钢筋裸露弯曲

（d）柱上端混凝土破碎脱落，钢筋裸露弯曲，缺乏箍筋约束

（e）柱上端混凝土剥落，钢筋裸露（一）

（f）柱上端混凝土剥落，钢筋裸露（二）

（g）柱下端弯曲开裂（一）

（h）柱下端弯曲开裂（二）

（i）柱下端斜裂缝

（j）柱下端混凝土破碎，钢筋裸露

照片 3.2.1-36　南单体东侧柱震害

（a）柱上端破坏，角部纵向钢筋外露（一）

（b）柱上端破坏，角部纵向钢筋外露（二）

（c）柱上端混凝土破碎，钢筋压弯（一）

（d）柱上端混凝土破碎，钢筋压弯（二）

照片 3.2.1-37　北单体西侧柱震害

（a）柱上端混凝土剥落，钢筋外露

（b）柱上端混凝土剥落，钢筋外露弯曲

（c）柱上端角筋外鼓，缺乏约束

（d）柱上端混凝土破碎，钢筋外露弯曲

照片 3.2.1-38　北单体中柱震害

（a）柱上端混凝土剥落，钢筋外露（一）

（b）柱上端混凝土剥落，钢筋外露（二）

（c）柱上端混凝土破碎，钢筋压弯（一）　　　　（d）柱上端混凝土破碎，钢筋压弯（二）

照片 3.2.1-39　北单体东侧柱震害

（a）由室内看　　　　　　　　　　　　　（b）由室外看

（c）个别框架柱上端混凝土开裂　　　　　　（d）个别框架柱下端混凝土开裂

照片 3.2.1-40　西楼二层震害

2．贡嘎大道博物馆东楼

东楼与西楼结构体系及布置基本一致，地震中，东楼框架柱部分柱端损伤，混凝土压溃，部分砌体填充隔墙开裂垮塌，整体结构未发生较大变形，震害明显小于西楼。详图 3.2.1-4、照片 3.2.1-41~ 照片 3.2.1-57。

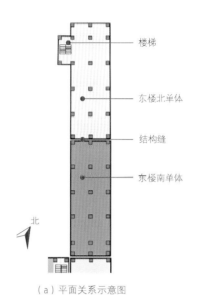

楼梯

东楼北单体

结构缝

东楼南单体

北

（a）平面关系示意图

（b）现场实拍
（由中国地震局工程力学研究所陈相兆博士提供）

图 3.2.1-4　东楼平面关系

照片 3.2.1-41　东楼东侧震后外观

照片 3.2.1-42　东楼西侧震后外观

照片 3.2.1-43　东楼一层震后内景（一）

照片 3.2.1-44　东楼一层震后内景（二）

照片 3.2.1-45　东楼二层震后内景

（a）整体　　　　　　　　　　　　　　　　　　　　　（b）局部

照片 3.2.1-46　一层框架柱上端斜裂缝沿雀替开展

照片 3.2.1-47　柱上端混凝土剥落，角筋露出

照片 3.2.1-48　柱上端角筋露出，缺乏箍筋约束

照片 3.2.1-49 柱上端混凝土剥落，钢筋露出（一）

照片 3.2.1-50 柱上端混凝土剥落，钢筋露出（二）

照片 3.2.1-51 柱上端混凝土剥落，钢筋露出（三）

照片 3.2.1-52 柱上端混凝土剥落

照片 3.2.1-53 柱上端混凝土剥落，角筋露出（一）

照片 3.2.1-54 柱上端混凝土剥落，角筋露出（二）

照片 3.2.1-55　结构缝处框架柱震害　　　　照片 3.2.1-56　结构缝处框架柱震害细部　　　　照片 3.2.1-57　框架柱上端雀替根部裂缝

3. 贡嘎大道博物馆北楼

北楼平面呈回字形，长宽约 85m，为 2 层框架结构，地震中部分框架柱、楼梯及填充墙出现震害。详图 3.2.1-5、照片 3.2.1-58~ 照片 3.2.1-69。

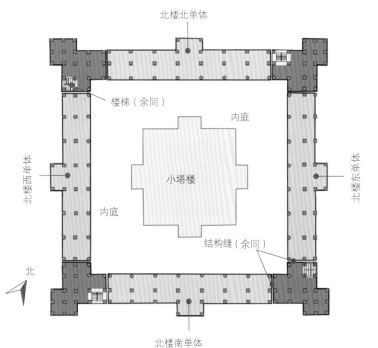

（a）平面关系示意图　　　　　　　　　　（b）现场实拍（由中国地震局工程力学研究所陈相兆博士提供）

图 3.2.1-5　北楼平面关系

照片 3.2.1-58　北楼南侧震后外观

照片 3.2.1 59　北楼东北角震后外观

照片 3.2.1-60　北楼南单体震后内景，框架柱边长约 400mm

照片 3.2.1-61　北楼东单体震后内景

照片 3.2.1-62　北楼北单体震后内景

照片 3.2.1-63　北楼西单体震后内景

照片 3.2.1-64　北楼北单体震后内庭侧外观

照片 3.2.1-65　北楼西单体震后内庭侧外观

照片 3.2.1-66　民族风格建筑典型外观

照片 3.2.1-67　框架柱上端混凝土损伤

照片 3.2.1-68　圆柱上端混凝土损伤，钢筋外露；雀替后加造成破坏部位
位于雀替范围内，与西楼不同

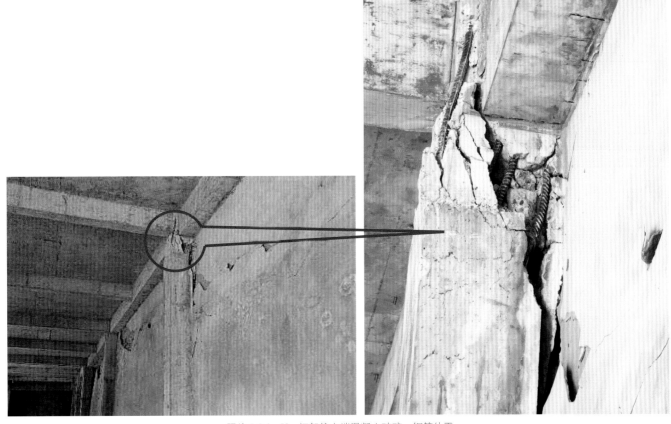

照片 3.2.1-69 框架柱上端混凝土破碎，钢筋外露

外周围护墙采用石砌墙，在框架柱外贴砌筑，靠内庭院侧大部分未砌筑围护墙，少量砌体墙砌筑于框架平面内。外围石砌墙厚度大、刚度大，对地震中水平位移的框架柱起到一定的支撑作用；框架柱整体呈现单向震害。详照片 3.2.1-70~ 照片 3.2.1-73、图 3.2.1-6。

(a) 整体   (b) 近景   (c) 细部

照片 3.2.1-70 外围石砌墙顶部与框架柱脱离

照片 3.2.1-72　柱下端单侧混凝土拉裂

照片 3.2.1-71　受外围石砌墙影响，框架柱整体呈现单向
震害，柱顶侧移约 1/30

照片 3.2.1-73　柱下端单侧混凝土压坏

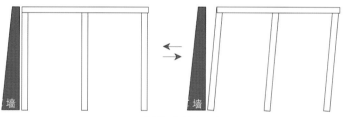

图 3.2.1-6　北楼框架单向震害示意图

　　北楼石砌围护墙由块石砌筑，外侧贴砌片石作为装饰面，块石砌筑不密实，粘结材料强度不足，地震中出现大量裂缝和垮塌。内庭院侧的混凝土装饰门框上填充墙出现大量垮塌，部分混凝土装饰门框倒塌。详照片 3.2.1-74~ 照片 3.2.1-84。

照片 3.2.1-74　石砌围护墙垮塌（一）

照片 3.2.1-75　石砌围护墙细部

照片 3.2.1-76 石砌围护墙裂缝

照片 3.2.1-77 石砌围护墙垮塌（二）

照片 3.2.1-78 混凝土装饰门框周边砌体垮塌（一）

照片 3.2.1-79 混凝土装饰门框周边砌体垮塌（二）（左）
照片 3.2.1-80 混凝土装饰门框周边砌体垮塌（三）（右）

照片 3.2.1-81 混凝土装饰门框正常情况

照片 3.2.1-82 混凝土装饰门框倒地情况

照片 3.2.1-83 混凝土装饰门框倒地根部

照片 3.2.1-84 倒地的混凝土装饰门框与基础连接锚筋被拔出,裸露长度约 50mm

4. 贡嘎大道博物馆南楼

南楼平面呈回字形,长约 72m,宽约 42m,为 3 层框架结构,四周相交处设置抗震缝。地震中部分框架柱、楼梯及混凝土装饰门框出现震害,震害程度明显小于西楼、东楼及北楼。详图 3.2.1-7、照片 3.2.1-85~ 照片 3.2.1-89。

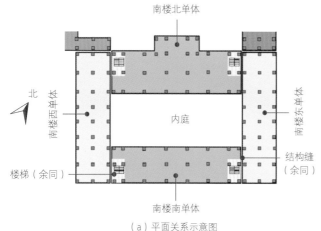

（a）平面关系示意图 （b）现场实拍（由中国地震局工程力学研究所陈相兆博士提供）

图 3.2.1-7 南楼平面关系

照片 3.2.1-85　南楼震后外观

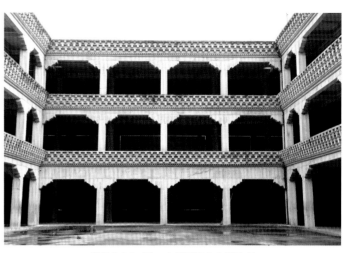

照片 3.2.1-86　南楼震后内庭侧外观

照片 3.2.1-87　框架柱上端在雀替下方破坏

照片 3.2.1-88　框架柱上端在雀替下方破坏细部

照片 3.2.1-89　混凝土装饰门框角部开裂

3.2.2 某住宅小区

某住宅小区位于泸定县磨西镇贡嘎大道，所在区域的抗震设防烈度为9度，本次地震遭遇烈度9度。建筑功能为住宅，底部设置商业，为坡地建筑，包括一~九单元，沿地形高低设置。

建筑物于2011年建造。四周场地最大高差约6m，西侧为斜坡，北、东、南侧基本为平地，共由一单元、二单元、三单元、四单元、五~六单元、七~九单元6个结构单体组成。其中，一单元、二单元、三单元、四单元为第一期建设，6层框架结构；五~六单元、七~九单元为第二期建设，6层框架结构，带1层地下室，地下室面向中庭院一层开敞。建设完成后，又在庭院中加建一层车库。详图3.2.2-1。

沿贡嘎大道一侧为坡地，高差约6m，一层均设置底商，层高3~6m，详图3.2.2-2、照片3.2.2-1，底层框架柱长度不一致，刚度差异较大。其中三单元、四单元的底商地面与小区内部庭院地面有较大高差。五~九单元周围标高基本一致，一层层高约4.2m。

地震中，一~四单元一层框架柱大量破坏，填充墙出现大量破坏垮塌，其中，四单元震害最为严重，一层整体倾斜。五~九单元主体结构未见损伤。详照片3.2.2-2~照片3.2.2-8。

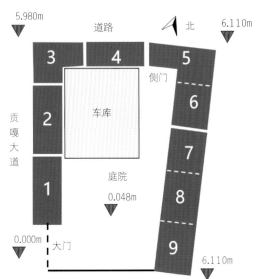

图3.2.2-1 某住宅小区整体布置及高差关系示意图
（根据现场初步测量数据绘制）

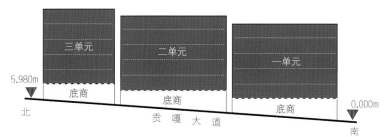

图3.2.2-2 沿贡嘎大道一侧（西侧）立面坡地关系图

照片3.2.2-1 沿贡嘎大道一侧高差关系实景

照片3.2.2-2 一单元震后外观

照片 3.2.2-3　二单元震后外观

照片 3.2.2-4　三单元震后外观

照片 3.2.2-5　四单元震后外观

照片 3.2.2-6　五～六单元震后外观

照片 3.2.2-7　七～九单元震后外观

照片 3.2.2-8　四单元一层整体倾斜

　　底层框架柱上端破坏严重，节点混凝土破碎脱落，钢筋裸露压弯。楼梯休息平台造成框架柱为短柱，发生剪切破坏。详照片 3.2.2-9~ 照片 3.2.2-19。

照片 3.2.2-9　角部框架梁柱节点混凝土破碎脱落，钢筋裸露压弯破坏，未见核心区箍筋

照片 3.2.2-10　角部框架梁柱节点混凝土破碎脱落，钢筋裸露压弯破坏

照片 3.2.2-11　一层框架柱上端混凝土破坏（一）

照片 3.2.2-12　一层框架柱上端严重破坏，混凝土脱落，柱移位

照片 3.2.2-13　一层框架柱上端混凝土破坏（二）

照片 3.2.2-14　一层框架柱上端严重破坏，混凝土脱落，钢筋外露

照片 3.2.2-15　楼梯休息平台造成框架柱为短柱，发生剪切破坏

照片 3.2.2-16　楼梯休息平台造成框架柱剪切破坏细部

照片 3.2.2-17　休息平台左端柱混凝土破碎，
钢筋外露

照片 3.2.2-18　休息平台右端柱剪断错位

照片 3.2.2-19　框架柱下端混凝土破碎
脱落

3.2.3　某4层商住楼

本建筑位于泸定县磨西镇贡嘎大道，下部设置商业，上部为住宅，所在区域的抗震设防烈度为9度，本次遭遇烈度9度。四周场地最大高差约8m，为坡地建筑。

建筑于2013年建造，北高南低，设置1层地下室，地下室仅有庭院和北侧道路被土体掩埋，其余东、西、南三面均开敞。建筑由结构缝分为4个单体，地下室层高3~8m，南侧层高较大，设置夹层。地下室顶板上设置1层裙房，各裙房分别设置3层住宅塔楼，共计9栋。塔楼局部采用转换结构，从中间庭院标高起算，建筑层数为4层；从贡嘎大道北端地面标高起算，建筑层数为5层；从贡嘎大道南端地面标高起算，建筑层数为6层。详图3.2.3-1~图3.2.3-5及照片3.2.3-1~照片3.2.3-7。

主要震害为裙房中部分框架柱破坏，详照片3.2.3-8~照片3.2.3-17。南、北侧填充隔墙出现裂缝，南侧较北侧严重，南侧室外楼梯出现破坏。

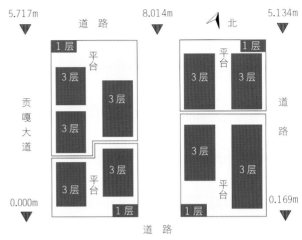

图 3.2.3-1　某4层商住楼塔楼平面布置
（图中层数为各个单体从二层平台往上的独立层数）

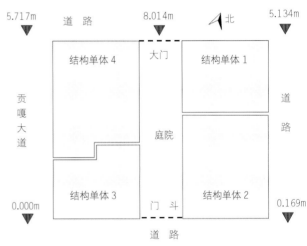

图 3.2.3-2　二层平面布置（裙房平台）

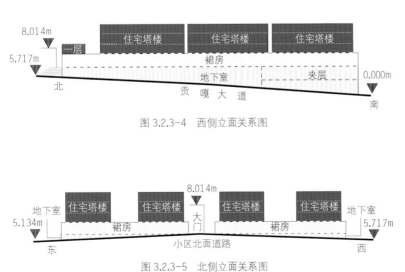

图 3.2.3-4　西侧立面关系图

图 3.2.3-5　北侧立面关系图

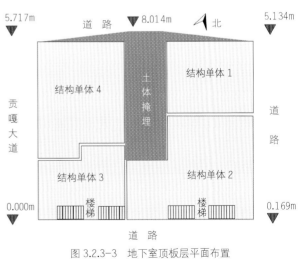

图 3.2.3-3　地下室顶板层平面布置

照片 3.2.3-1 西侧立面震后实景

照片 3.2.3-2 东侧立面震后实景

照片 3.2.3-3 南侧立面震后实景（一）

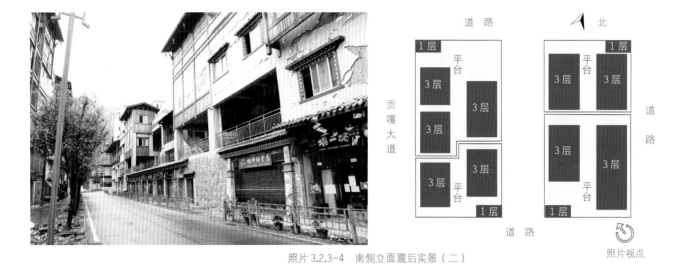

照片 3.2.3-4 南侧立面震后实景（二）

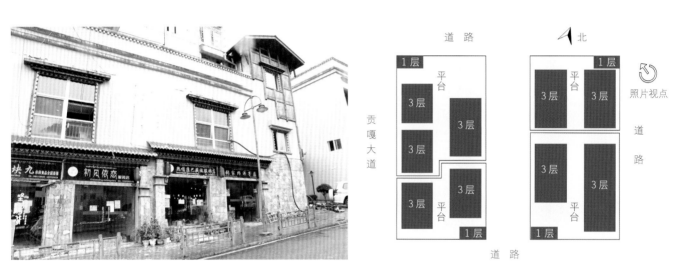

照片 3.2.3-5 东北角震后实景

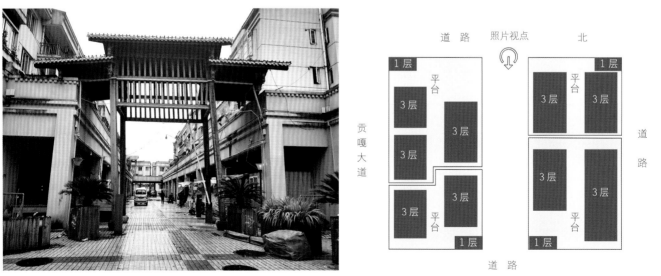

照片 3.2.3-6 北侧立面震后实景

照片 3.2.3-7　西北角震后实景

照片 3.2.3-8　裙房庭院外侧部分框架柱损坏

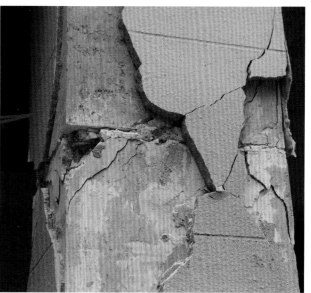

照片 3.2.3-9　裙房框架柱开裂

照片 3.2.3-10 裙房框架柱混凝土破碎脱落，钢筋露出（一）

照片 3.2.3-11 裙房框架柱混凝土破碎脱落，钢筋露出（二）（左）

照片 3.2.3-12 裙房框架柱混凝土破碎脱落，钢筋露出（三）（右）

照片 3.2.3-13 裙房框架柱破坏（一）

照片 3.2.3-14 裙房框架柱破坏（二）

照片 3.2.3-15 裙房室内框架柱震害

照片 3.2.3-16 框架柱损伤

照片 3.2.3-17 框架梁轻微裂缝

3.2.4　某9层商住楼

　　建筑位于磨西镇，遭遇烈度9度，底部2层为临街商铺，上部为公寓，设1层地下室。主体结构为9层框架结构。地震中，上部框架梁梁端出现震害，详照片3.2.4-1～照片3.2.4-8。楼梯、隔墙大量损坏。

照片 3.2.4-1　东立面震后外观

照片 3.2.4-2　西立面震后外观

（a）中柱相连的左右跨框架梁梁端震害

（b）边跨框架梁震害

照片 3.2.4-3　三层楼面框架梁震害全景

（a）梁端斜裂缝，下部混凝土压碎，钢筋裸露

（b）梁端斜裂缝（一）

（c）梁端斜裂缝，延伸至楼板

（d）梁端斜裂缝（二）

照片 3.2.4-4　三层楼面中柱相连的右跨框架梁梁端斜裂缝

（a）梁端斜裂缝，混凝土压碎，钢筋裸露

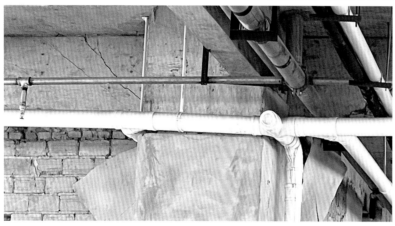
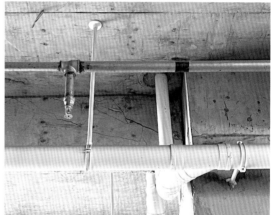

（b）梁端斜裂缝

照片 3.2.4-5　三层楼面中柱相连的左跨框架梁梁端斜裂缝

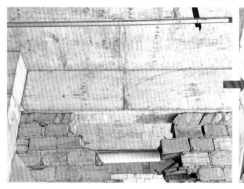
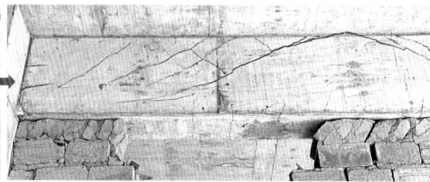

（a）梁全跨出现斜裂缝（图中红线根据裂缝描出）（一）

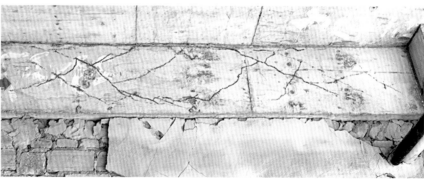

（b）梁全跨出现斜裂缝（图中红线根据裂缝描出）（二）

照片 3.2.4-6　三层楼面边跨框架梁震害

照片 3.2.4-7 二层楼面楼梯间部位框架梁梁端斜裂缝破坏

照片 3.2.4-8 三层楼面楼梯间部位框架梁梁端斜裂缝破坏

3.3 思考与建议

（1）高边坡台地上的建筑地震作用效应显著。从实际震害看，邻近台地陡坡的建筑物受损程度更为严重。应重视场地效应对建筑物的影响并采取加强措施。

（2）建于坡地地形的框架结构，一般会出现同层柱高度不一致，柱刚度不同，与地形嵌固约束关系复杂。底层商铺层高较大、隔墙少，上部住宅隔墙较为密集，上下层刚度差别大，容易形成软弱层。建议对于坡地建筑、底商住宅等，关注嵌固端的合理选取并加强设计。避免层刚度和层受剪承载力沿竖向突变，建议考虑并分析填充隔墙对上下层刚度比的影响，受剪承载力需求比应沿楼层均匀分布。

（3）针对民族风格建筑，应分析其特点，雀替形成了类似于梁加腋的做法，强化了"强梁弱柱"效应，应在设计中充分考虑雀替等装饰构件对主体结构的影响，采取对应措施进行合理设计，对雀替下方柱塑性铰区域加强箍筋设置。建议类似雀替等建筑装饰不与柱整体浇筑，采用梁下挂式与柱留出间隙。

（4）楼梯间休息平台梁形成框架短柱，地震中破坏严重，设计应加强框架短柱设计或采取措施避免短柱。

（5）加强施工监管，确保框架梁柱节点及柱上下端区域的箍筋设置。

4 砌体结构
Masonry Structure

4.1 概况

　　本次地震中砌体结构的主要震害特征为局部楼层垮塌和纵横墙开裂破坏等，其中部分建筑物修建于堡坎和边坡附近，地震中受损严重，其震害具有一定的特殊性。

4.1 Overview

The main seismic damage characteristics of masonry structures in this earthquake included partial floor collapse and cracking on longitudinal and transverse walls. Some buildings, constructed near fort walls and slopes, suffered severe damage during the earthquake, and their seismic damage exhibits certain unique features.

4.2　砌体结构震害

4.2.1　磨西镇某多层砌体建筑

　　本建筑位于泸定县磨西镇。所在区域的抗震设防烈度为9度，本次地震遭遇烈度为9度。建筑功能为办公、宿舍，共4层，一至三层为砌体结构，四层为坡屋面钢结构。

　　建筑物建设于磨西台地西北侧的山嘴上，沿房屋长轴方向两端均为陡坡，陡坡高度约100m，建筑物至南端陡坡边最近处约15m，建筑物至北端陡坡边最近处约30m，详图4.2.1-1、图4.2.1-2。

　　建筑所处坡地在地震中发生滑坡，北侧滑坡严重，山体垮塌。建筑物在地震中一层完全垮塌，上部结构和附属钢楼梯也都发生了不同程度的损伤和破坏。详照片4.2.1-1。

图 4.2.1-1　建筑所处坡地卫星图像（源自网络，图中红圈处为本建筑）

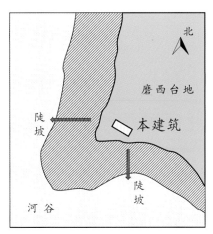

图 4.2.1-2　建筑平面关系示意图

照片 4.2.1-1　地震后建筑及周边环境实景（由四川日报全媒体视觉中心记者杨树提供，照片中红圈处为本建筑）

　　根据现场实地测绘，建筑物平面呈矩形，长度约 31.7m，宽度约 13.2m。一层角部设置两开间房间，二层中部东侧设置一间两开间的会议室，其余均为单间或套间宿舍，纵、横墙基本完整。四层设置大会议室及杂物间。测绘完成的建筑一至三层及屋顶层平面布置示意图详图 4.2.1-3~ 图 4.2.1-6。

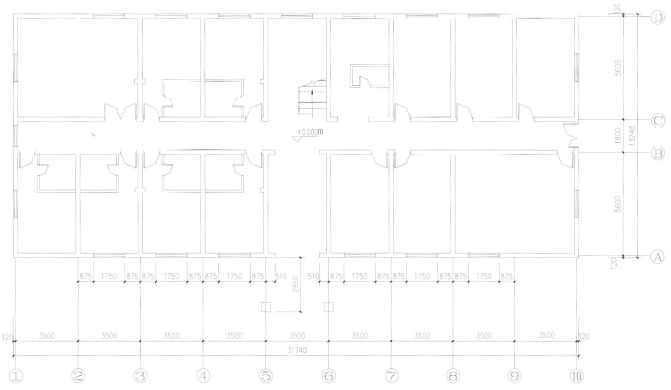

图 4.2.1-3　建筑物一层平面布置示意图（根据现场测绘）

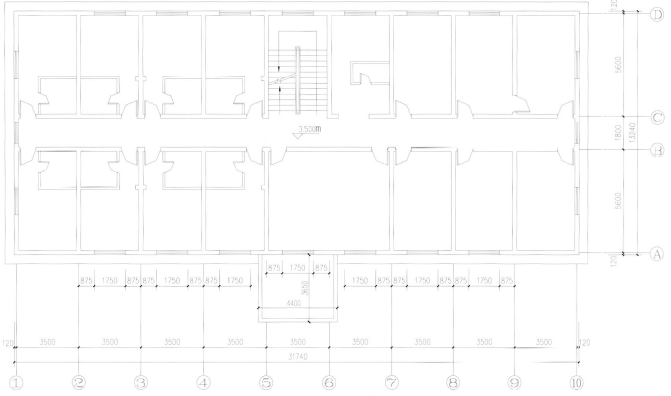

图 4.2.1 4　建筑物二层平面布置示意图（根据现场测绘）

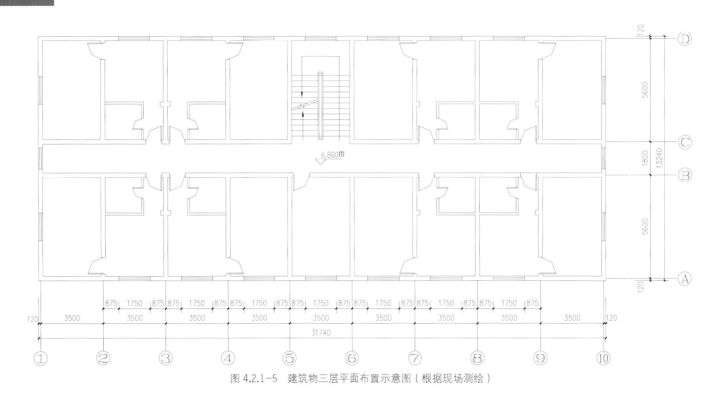

图 4.2.1-5 建筑物三层平面布置示意图（根据现场测绘）

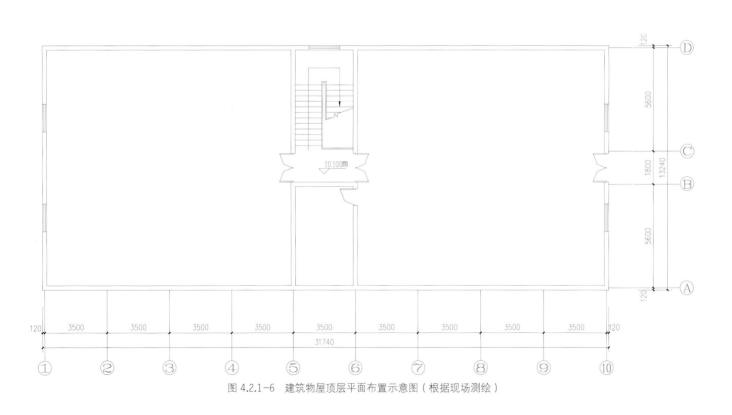

图 4.2.1-6 建筑物屋顶层平面布置示意图（根据现场测绘）

　　地震中，建筑一层整层垮塌，详照片 4.2.1-2~ 照片 4.2.1-8（由中国地震局工程力学研究所陈相兆博士提供）。
　　地震中，一层砌体整体垮塌，正面及背面各轴线部位外墙、构造柱及外圈梁震害详照片 4.2.1-9~ 照片 4.2.1-30；山墙面外墙、构造柱及外圈梁震害详照片 4.2.1-31~ 照片 4.2.1-35。一层室内震害详照片 4.2.1-36~ 照片 4.2.1-47。

照片 4.2.1-2　整体震害（正面）

照片 4.2.1-3　整体震害（背面）

照片 4.2.1-4　整体震害（东南面山墙）

照片 4.2.1-5　整体震害（西北面山墙）

照片 4.2.1-6　整体震害（北视角）

照片 4.2.1-7　整体震害（南视角）

照片 4.2.1-8　整体震害（东视角）

照片 4.2.1-9　正面外墙和构造柱震害全景

照片 4.2.1-10　背面外墙和构造柱震害全景

照片 4.2.1-11　正面①轴线外墙和构造柱震害

照片 4.2.1-12　正面②轴线外墙和构造柱震害

照片 4.2.1-13　正面③轴线外墙和构造柱震害

照片 4.2.1-14　正面④轴线外墙和构造柱震害

照片 4.2.1-15　正面⑤、⑥轴线外墙和构造柱震害

照片 4.2.1-16　正面⑦轴线外墙和构造柱震害

照片 4.2.1-17　正面⑧轴线外墙和构造柱震害

照片 4.2.1-18　正面⑨轴线外墙和构造柱震害

照片 4.2.1-19　正面⑩轴线外墙完全垮塌，构造柱错断外倒

照片 4.2.1-20　背面⑩、⑨轴线外墙垮塌后剩余约半层高墙体，构造柱错断

照片 4.2.1-21　背面⑧轴线外墙垮塌后剩余窗台下墙体，构造柱错断

照片 4.2.1-22　背面⑦轴线外墙垮塌后剩余窗台下墙体，构造柱错断

照片 4.2.1-23　背面⑥轴线墙体完全垮塌，构造柱错断

照片 4.2.1-24　背面⑥轴线构造柱错断（侧面）

照片 4.2.1-25　背面⑤轴线墙体完全垮塌，构造柱错断

照片 4.2.1-26　背面⑤轴线构造柱错断（侧面）

照片 4.2.1-27　背面④轴线外墙和构造柱震害

照片 4.2.1-28　背面③轴线外墙和构造柱震害

照片 4.2.1-29　背面②轴线墙体完全垮塌，构造柱错断外倒

照片 4.2.1-30　背面①轴线墙体完全垮塌，构造柱错断倾倒

照片 4.2.1-31　东南山墙面外墙和构造柱震害全景

照片 4.2.1-32　东南山墙面外墙和构造柱震害细部

照片 4.2.1-33　西北山墙面外墙和构造柱震害　　　　　照片 4.2.1-34　西北山墙面外墙和构造柱震害细部

(a)

(b)

(c)

(d)

(a)门厅左侧框架梁拉结处震害

(b)门厅右侧框架梁拉结处震害

(c)正面10轴线处震害

(d)背面10轴线处震害

照片 4.2.1-35　二层外圈梁震害

照片 4.2.1-36　正面⑨～⑩轴川间室内震害

照片 4.2.1-37　正面⑨～⑩轴开间室内震害（从山墙侧向内观察）

照片 4.2.1-38　正面⑧～⑨轴开间室内震害

照片 4.2.1-39　背面①～②轴开间室内震害

照片 4.2.1-40　背面②～③轴开间室内震害

照片 4.2.1-41　背面③～④轴开间室内震害

照片 4.2.1-42　背面④～⑤轴开间室内震害

照片 4.2.1-43　背面⑤～⑥轴开间室内震害
（楼梯间，图中水平板为休息平台板）

照片 4.2.1-44 背面⑥~⑦轴开间室内震害

照片 4.2.1-45 背面⑧~⑨轴开间室内震害

照片 4.2.1-46 背面⑦~⑧轴开间室内震害（左侧横墙）

照片 4.2.1-47 背面⑦~⑧轴开间室内震害（内纵墙）

　　一层坍塌后，位于正面前半区域的7个构造柱断裂后穿透二层楼板伸入二层室内，详图4.2.1-7和照片4.2.1-48~照片 4.2.1-56。

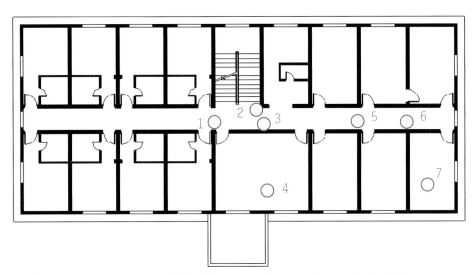

图 4.2.1-7 一层7个构造柱穿入二层部位示意图（图中数字为构造柱编号）

照片 4.2.1-48　构造柱 1、2、3 穿入状况（左）
照片 4.2.1-49　构造柱 4 穿入状况（右）

照片 4.2.1-50　构造柱 5、6 穿入状况（左）
照片 4.2.1-51　构造柱 / 穿入状况（右）

照片 4.2.1-52　构造柱 1 穿入二层楼面约 1.2m 高，柱两侧附着部分砌体

照片 4.2.1-53　构造柱 2 穿透楼面，楼面破碎

照片 4.2.1-54　构造柱 4 穿透楼面，楼面破裂

照片 4.2.1-55　构造柱 5 穿透楼面，楼面破裂（左）

照片 4.2.1-56　构造柱 6 穿透楼面，楼面破碎（右）

　　建筑物二层大量内横墙出现斜裂缝，内纵墙斜裂缝主要出现在门洞上方。中部大开间外纵墙出现较为明显的裂缝，其余外纵墙未出现明显裂缝。端头山墙破坏严重，部分墙体水平裂缝贯穿墙体，上下墙体脱开、外闪。详照片 4.2.1-57~ 照片 4.2.1-66。

　　建筑物三层内纵墙出现斜裂缝，大多沿门洞口角部开展；外纵墙部分窗间墙出现斜裂缝，沿窗洞角处开展。三层墙体震害整体相较二层更轻。详照片 4.2.1-67~ 照片 4.2.1-70。

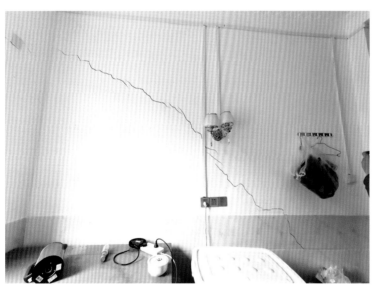

照片 4.2.1-57　二层内横墙震害（一）（左）

照片 4.2.1-58　二层内横墙震害（二）（右）

照片 4.2.1-59　二层内纵墙震害出现在门洞上方（一）（左）

照片 4.2.1-60　二层内纵墙震害出现在门洞上方（二）（右）

（a）门洞上方出现震害

（b）相邻内纵墙未出现明显裂缝

照片 4.2.1-61　二层内纵墙震害出现在门洞上方（三）

照片 4.2.1-62　二层中部大开间外纵墙震害

照片 4.2.1-63　二层中部大开间外纵墙水平裂缝细部

照片 4.2.1-64　二层端山墙水平
裂缝贯穿墙体

照片 4.2.1-65　二层端山墙错位破坏（一）

照片 4.2.1-66　二层端山墙错位破坏（二）

照片 4.2.1-67 三层内纵墙门洞角处斜裂缝（一）

照片 4.2.1-68 三层内纵墙门洞角处斜裂缝（二）

照片 4.2.1-69 三层外纵墙窗洞角处斜裂缝（一）

照片 4.2.1-70 三层外纵墙窗洞角处斜裂缝（二）

建筑物屋盖钢结构采用钢立柱支承于砌体结构上，基本完好。楼梯间横向砌体内墙出现斜裂缝。西北侧山墙设有门窗，被门、窗分隔，出现裂缝，墙体与钢结构框架之间无拉结，洞口周边未见构造柱与圈梁，墙体整体与钢结构框架脱离外闪。屋顶西北侧会议室会议桌方向性倾倒，东南侧储藏室货架倾倒。详照片 4.2.1-71～照片 4.2.1-79。

照片 4.2.1-71 屋盖钢结构采用钢立柱支承于砌体结构上

照片 4.2.1-72 屋盖钢结构基本完好

照片 4.2.1-73　屋顶楼梯间横向砌体内墙开裂（一）（左）
照片 4.2.1-74　屋顶楼梯间横向砌体内墙开裂（二）（右）

照片 4.2.1-75　屋顶山墙被门、窗分隔，整体性差，　　照片 4.2.1-76　山墙破坏细部　　照片 4.2.1-77　山墙破坏细部（二）
　　　　　　　地震中破坏严重　　　　　　　　　　　　　　　　　（一）

照片 4.2.1-78　屋顶会议室会议桌方向性倾倒　　　　　　照片 4.2.1-79　屋顶储藏室货架倾倒

　　建筑物室内一至二层的楼梯垮塌破坏，二层以上基本完好。建筑物北侧室外钢楼梯结构的屋盖向主体结构倾斜，局部钢梁断裂，钢柱弯曲。详照片 4.2.1-80~ 照片 4.2.1-86。

　　地震中一层门厅雨棚垮塌，雨棚柱上端折断，详照片 4.2.1-87~ 照片 4.2.1-92。

照片 4.2.1-80　一层楼梯梯板（一层到休息平台）碎裂破坏

照片 4.2.1-81　一层楼梯梯板
（休息平台到二层）碎裂破坏

照片 4.2.1-82　北侧钢楼梯震害
外观

照片 4.2.1-83　北侧钢楼梯倾斜

照片 4.2.1-84　北侧钢楼梯与屋盖拉结处钢梁断裂

照片 4.2.1-85　主体结构下坐后，屋盖被北侧钢楼梯顶出

照片 4.2.1-86　主体结构屋盖被北侧钢楼梯顶
出，屋盖断开

照片 4.2.1-87　门厅雨棚柱折断（侧面）

照片 4.2.1-88　门厅雨棚柱折断（正面）

照片 4.2.1-89　门厅雨棚柱上端细节（左侧）

照片 4.2.1-90　门厅雨棚柱上端细节（右侧）

照片 4.2.1-91　雨棚倒塌（左侧）

照片 4.2.1-92　雨棚倒塌（右侧）

4.2.2　其他砌体结构震害

　　本次地震中砌体结构普遍震害表现为一、二层墙体破坏严重，二层以上震害减弱。震害特征主要为窗台墙或窗间墙的受剪斜向裂缝。详照片 4.2.2-1～ 照片 4.2.2-9。

照片 4.2.2-1　磨西镇某酒店一层窗间墙斜裂缝（一）

照片 4.2.2-2　磨西镇某酒店一层窗间墙斜裂缝（二）

照片 4.2.2-3　磨西镇某酒店一层窗间墙斜裂缝（三）

照片 4.2.2-4　磨西镇某酒店一层窗间墙 X 形裂缝

照片 4.2.2-5　得妥镇某小学教室二层外纵墙斜裂缝贯通（室外）（左）
照片 4.2.2-6　得妥镇某小学教室二层外纵墙斜裂缝贯通（室内）（右）

照片 4.2.2-7　得妥镇某砌体结构与相邻结构　　　　照片 4.2.2-8　磨西镇某办公楼内墙　　　　照片 4.2.2-9　磨西镇某住宅楼外墙
　　　　　　　　挤压破坏　　　　　　　　　　　　　　　　　X 形裂缝　　　　　　　　　　　　　　　　X 形裂缝

4.3　思考与建议

（1）高边坡台地上的建筑地震作用效应显著。从实际震害看，邻近台地陡坡的建筑物受损程度更为严重。应重视场地效应对建筑物的影响并采取加强措施。

（2）应在设计和施工中，确保构造柱和圈梁的有效设置和质量。

（3）砌体结构的施工质量直接影响结构的承载能力，应加强偏远地区的施工质量管理，对施工队伍进行专业培训，确保施工质量。

5

框架-剪力墙结构

Frame-Shear Wall Structure

5.1　概况

本次调查的框架－剪力墙结构和剪力墙结构，均未发现主体结构损坏，仅部分填充隔墙损伤。

5.1　Overview

The investigated frame-shear wall structure and shear wall structures were not found to have damage on main structures, and only some infilling walls were damaged.

5.2 框架－剪力墙结构震害

5.2.1 燕子沟镇某教学楼

燕子沟镇某教学楼，5层框架－剪力墙结构，2021年竣工。该教学楼位于坡地上，正立面为5层，背立面为6层，底层为架空层，前后相差1层。教学楼平面总体为矩形，较规则。详照片5.2.1-1、照片5.2.1-2。

照片 5.2.1-1　教学楼正立面震后外观

照片 5.2.1-2　教学楼背立面震后外观

教学楼各层隔墙均出现裂缝，尤其走道隔墙较为明显；外立面局部隔墙出现裂缝。详照片5.2.1-3~照片5.2.1-13。

照片 5.2.1-3　走道填充墙裂缝

照片 5.2.1-4　教室填充墙裂缝

照片 5.2.1-5　各层走道填充隔墙裂缝

照片 5.2.1-6　窗间隔墙斜裂缝贯通外侧

照片 5.2.1-7　窗间隔墙斜裂缝贯通内侧

照片 5.2.1-8　窗间隔墙斜裂缝

照片 5.2.1-9　隔墙与梁相交处水平裂缝

照片 5.2.1-10　背立面填充外墙裂缝（一）

照片 5.2.1-11　背立面填充外墙裂缝（二）

照片 5.2.1-12　背立面填充外墙裂缝（三）

照片 5.2.1-13　背立面填充外墙裂缝（四）

5.2.2 海螺沟某小学教学楼

　　海螺沟某小学教学楼，5层框架－剪力墙结构，2021年竣工。教学楼主体结构构件没有损伤，局部隔墙出现裂缝。详照片5.2.2-1～照片5.2.2-4。

照片5.2.2-1　教学楼震后外观

照片5.2.2-2　走廊填充墙裂缝

照片5.2.2-3　走廊高窗间填充隔墙裂缝

照片5.2.2-4　结构缝部位墙体饰面脱落

5.2.3 海螺沟某中学学生宿舍、食堂

　　海螺沟某中学的2栋学生宿舍为5层、食堂为3层，均采用框架－剪力墙结构，2021年竣工。震后局部填充外墙出现细小裂缝，主体结构构件没有损伤。详照片5.2.3-1～照片5.2.3-3。

照片 5.2.3-1 学生宿舍 1 震后外观

照片 5.2.3-2 学生宿舍 2 震后外观　　　　　　　　照片 5.2.3-3 食堂震后外观

5.2.4 得妥镇某办公楼

得妥镇某办公楼，3层框架－剪力墙结构，2016年竣工，位于行政楼主楼的右侧。矩形平面，规则对称。楼梯间布置在两短边端头。柱网较小，开间为6m，双排柱。剪力墙布置在平面端头的楼梯间外围，短向4道，长向2道。主体结构构件没有损伤。详照片5.2.4-1、图5.2.4-1。

图5.2.4-2所示为该办公楼与相邻建筑物平面关系，相比于相邻的两栋框架结构，其隔墙震害明显更弱，仅卫生间局部瓷砖脱落，其余完好。详照片5.2.4-2。

照片5.2.4-1   办公楼震后外观

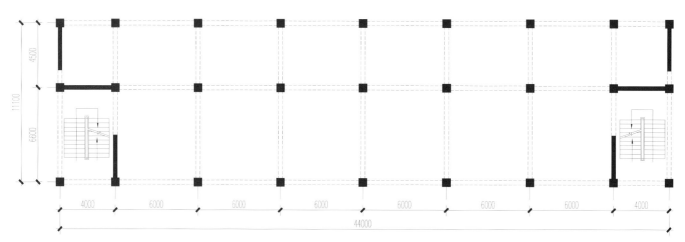

图5.2.4-1   平面布置示意图（根据现场测绘，涂黑处为框架柱和剪力墙）

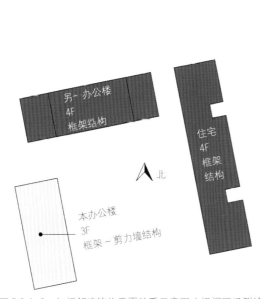

图 5.2.4-2　与相邻建筑物平面关系示意图（根据现场测绘）　　照片 5.2.4-2　卫生间局部瓷砖脱落

5.3　思考与建议

　　框架－剪力墙结构和剪力墙结构是良好的抗震结构形式，相对框架结构而言，其刚度和冗余度更好，建议多高层建筑中尽量采用该结构形式。

6 楼梯
Staircases

6.1 概况

　　在磨西镇，框架结构中有采用传统楼梯（非滑动）的，也有在汶川地震后按图集采用滑动楼梯的。本次地震中大量传统楼梯出现震害；部分滑动楼梯由于各种原因造成滑动部位局部损伤，未完全达到设计预期。

　　楼梯交叉梯段形成的斜撑导致建筑结构局部刚度增大，地震时受到较大作用，楼梯震害严重。梯梁震害主要出现在中部及端部。梯梁中部上下梯板交接，承受双向剪力，在上下梯板之间形成的极短梁段出现应力集中，发生剪切破坏。部分休息平台梁也出现震害。

6.1 Overview

In Moxi Town, both traditional stairs (non-sliding) and sliding stairs designed according to atlas after the Wenchuan earthquake were used in frame structures. During the earthquake, a large number of traditional stairs suffered seismic damage. Some sliding stairs suffered damage due to various reasons and did not fully meet the design expectations.

The diagonal bracing formed by intersecting stair flights leads to an increase in the local stiffness of the building structure, leading to greater forces during earthquake and causes severe damage to the staircase. The seismic damage of stair beams mainly occurred in the middle and end parts. The middle part of the stair beam connects the upper and lower stair slabs and bears bidirectional shear force. Stress concentration occurred in the extremely short beam segment formed between the upper and lower stair slabs, leading to shear failure. Some landing beams also suffered seismic damage.

6.2 传统楼梯震害

6.2.1 贡嘎大道博物馆楼梯震害

贡嘎大道博物馆由西楼、东楼、北楼、南楼组成，其中西楼、北楼、南楼均出现楼梯震害。详照片 6.2.1-1～照片 6.2.1-39。

1. 西楼 1 号楼梯

照片 6.2.1-1 西楼 1 号楼梯震害外观（一）

照片 6.2.1-2 西楼 1 号楼梯震害外观（二）

照片 6.2.1-3 平台梁与平台板分离

照片 6.2.1-4 平台梁端部混凝土破碎

照片 6.2.1-5 梯柱与梯梁节点破坏

照片 6.2.1-6 梯梁中部上下梯板交接处破坏

照片 6.2.1-7 楼梯梁柱节点破坏，梯梁端部混凝土破碎脱落，
钢筋悬挂

照片 6.2.1-8 楼梯梁柱节点破坏，梯柱梯梁端部破坏
（休息平台下部）

照片 6.2.1-9 休息平台板与梯梁相交处破坏，梯梁中部上
下梯板交接处震害（休息平台下部）

照片 6.2.1-10 休息平台板破坏

2. 北楼 1 号楼梯

照片 6.2.1-11 北楼 1 号楼梯震害外观

照片 6.2.1-12 底层梯柱混凝土破碎

3. 北楼 2 号楼梯

照片 6.2.1-13　北楼 2 号楼梯震害外观

照片 6.2.1-14　底层梯柱剪切破坏

4. 南楼 1 号楼梯

照片 6.2.1-15　南楼 1 号楼梯震害外观

照片 6.2.1-16　楼梯梁柱节点震害（一）

照片 6.2.1-17　楼梯梁柱节点震害（二）

照片 6.2.1-18 楼梯梁柱节点震害（三）

照片 6.2.1-19 楼梯梁柱节点震害（另一侧）

照片 6.2.1-20 楼梯梁柱节点混凝土破碎脱落，钢筋裸露

照片 6.2.1-21 梯板断裂

照片 6.2.1-22 梯板与梯梁交接处破坏（休息平台下部）

照片 6.2.1-23 梯梁中部破坏，梯梁右段向下错位

5．南楼 2 号楼梯

照片 6.2.1-24　南楼 2 号楼梯震害外观

照片 6.2.1-25　楼梯梁柱节点破坏

照片 6.2.1-26　梯梁中部上下梯板交接处破坏

照片 6.2.1-27　楼梯梁柱节点破坏（另一侧）

照片 6.2.1-28　梯板在第三个踏步处断裂

照片 6.2.1-29　梯板在第三个踏步处断裂（另一侧）　　　　　照片 6.2.1-30　梯板断裂细部

6.南楼3号楼梯

照片 6.2.1-31　南楼3号楼梯震害外观

照片 6.2.1-32　平台梁端部震害　　　　　照片 6.2.1-33　梯梁端部震害

照片 6.2.1-34　梯梁端部震害（另一侧）

照片 6.2.1-35　梯梁中部上下梯板交接处震害（一）

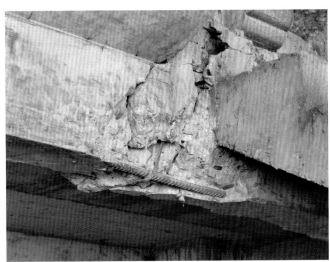

照片 6.2.1-36　梯梁中部上下梯板交接处震害（二）

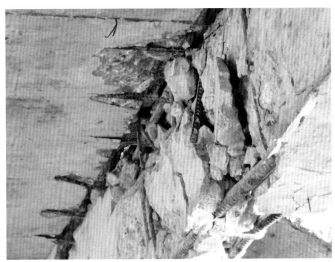

照片 6.2.1-37　平台板与梯梁相交处破坏，梯梁中部破坏
（休息平台下部）

照片 6.2.1-38　平台板与梯梁相交处破坏

照片 6.2.1-39　梯板下端震害

6.2.2 某6层住宅小区楼梯震害

某6层住宅小区共有6个结构单体，9个单元。其中6个单元楼梯出现明显震害，三单元、四单元楼梯震害最为严重。详图6.2.2-1、照片6.2.2-1~照片6.2.2-35。

1.一单元楼梯

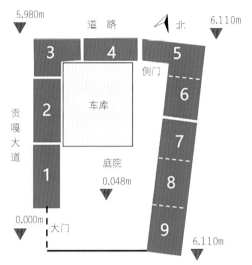

图6.2.2-1　某6层住宅小区整体布置及高差关系
示意图（根据现场初步测量数据绘制）

照片6.2.2-1　一单元楼梯震害外观

照片6.2.2-2　梯梁左侧端部震害

照片6.2.2-3　梯梁中部上下梯板交接处震害

照片6.2.2-4　梯梁右侧与梯柱交接处震害

照片6.2.2-5　梯板出现贯通式裂缝

2. 二单元楼梯

照片 6.2.2-6　二单元楼梯震害外观

照片 6.2.2-7　梯梁左侧端部震害

照片 6.2.2-8　梯梁左侧与梯柱交接处震害

照片 6.2.2-9　梯梁中部上下梯板交接处震害

照片 6.2.2-10　梯梁中部上下梯板交接处震害（底部）

照片 6.2.2-11　休息平台梁震害

照片 6.2.2-12　一层第一跑梯板出现三道裂缝

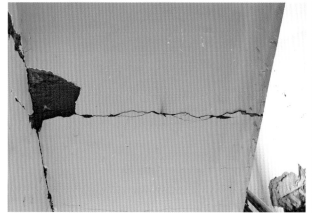

照片 6.2.2-13　一层第二跑梯板出现贯通式裂缝

照片 6.2.2-14　梯板裂缝细部

3. 三单元楼梯

照片 6.2.2-15　三单元楼梯震害外观

照片 6.2.2-16　梯柱震害

照片 6.2.2-17　休息平台下方震害外观　　　　　照片 6.2.2-18　休息平台左侧柱震害细部

照片 6.2.2-19　梯板出现两道贯通裂缝　　　　　照片 6.2.2-20　梯板出现两道贯通裂缝（侧面）

4．四单元楼梯

照片 6.2.2-21　四单元楼梯震害外观

照片 6.2.2-22　梯梁中部上下梯板交接处混凝土破碎，钢筋裸露（左）

照片 6.2.2-23　梯梁中部上下梯板交接处混凝土破碎，钢筋裸露（底面）（右）

照片 6.2.2-24　梯梁左侧与梯柱交接处震害（左）

照片 6.2.2-25　梯梁右侧与梯柱交接处震害（右）

照片 6.2.2-26　梯梁中部上下梯板交接处震害

5．六单元楼梯

照片 6.2.2-27　六单元楼梯震害外观

照片 6.2.2-28　梯板出现贯通裂缝

照片 6.2.2-29　梯板断裂，钢筋外露

6．七单元楼梯

照片 6.2.2-30　七单元楼梯震害外观

照片 6.2.2-31　梯梁中部上下梯板交接处震害

照片 6.2.2-32　梯梁左侧与梯柱交接处震害

照片 6.2.2-33　梯梁右侧与梯柱交接处震害

照片 6.2.2-34　梯板出现贯通裂缝

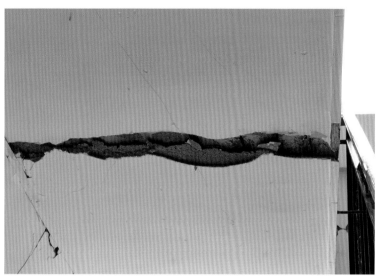

照片 6.2.2-35　梯板裂缝细部

6.2.3　某 4 层商住楼楼梯震害

某 4 层商住楼（局部 6 层）有室外楼梯结构（设置于南端）和室内楼梯，地震中均出现震害。详照片 6.2.3-1～照片 6.2.3-10。

照片 6.2.3-1　楼梯梁柱节点破坏（一）

照片 6.2.3-2　楼梯梁柱节点破坏细部（一）

照片 6.2.3-3　楼梯梁柱节点破坏细部（二）

照片 6.2.3-4　梯梁根部震害

照片 6.2.3-5　楼梯梁柱节点破坏（二）

照片 6.2.3-6　楼梯梁柱节点破坏细部（三）

照片 6.2.3-7　楼梯梯柱剪切破坏

照片 6.2.3-8　楼梯梯柱剪切破坏细部

照片 6.2.3-10　梯板震害

照片 6.2.3-9　梯梁中部上下梯板交接处震害

6.2.4　某 9 层商住楼楼梯震害

某 9 层商住楼，框架结构中楼梯间的休息平台梯梁出现严重破坏，破坏程度自下往上逐层减轻。详照片 6.2.4-1～照片 6.2.4-29。

1．1 号楼梯

照片 6.2.4-1　1 号楼梯一层中间休息平台梯梁震害

照片 6.2.4-2 一层中间休息平台梯梁左端混凝土破碎脱落，仅剩钢筋连接

照片 6.2.4-3 一层中间休息平台梯梁右端混凝土破碎脱落，下部钢筋裸露

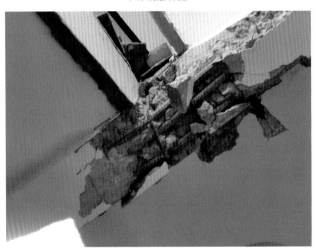

照片 6.2.4-4 一层中间休息平台梯梁中部上下梯板交接处混凝土破碎，钢筋裸露

照片 6.2.4-5 一层中间休息平台梯梁中部上下梯板交接处震害（底部）

照片 6.2.4-6 二层中间休息平台梯梁震害

照片 6.2.4-7 二层中间休息平台梯梁左端震害

照片 6.2.4-8 二层中间休息平台梯梁右端混凝土破碎，钢筋裸露

照片 6.2.4-9 三层中间休息平台梯梁震害

照片 6.2.4-10 三层中间休息平台梯梁端部交叉裂缝

照片 6.2.4-11 三层休息平台梁柱节点震害

照片 6.2.4-12 三层休息平台梁柱节点震害细部

2. 2号楼梯

照片 6.2.4-13 2号楼梯一层中间休息平台梯梁震害

照片 6.2.4-14 一层中间休息平台梯梁中部上下梯板交接处
混凝土破碎，钢筋裸露

照片 6.2.4-15 一层中间休息平台梯梁端部混凝土破碎，
钢筋裸露

照片 6.2.4-16　二层中间休息平台梯梁震害

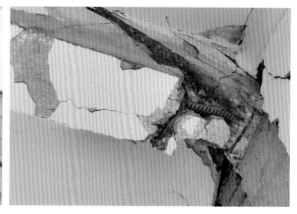

照片 6.2.4-17　二层中间休息平台梯梁左端震害（左）
照片 6.2.4-18　二层中间休息平台梯梁右端混凝土破碎，钢筋裸露（右）

照片 6.2.4-19　二层中间休息平台梯梁中部上下梯板交接处剪切破坏（左）
照片 6.2.4-20　二层中间休息平台梯梁中部上下梯板交接处震害（另一侧）（右）

照片 6.2.4-21　二层中间休息平台梯梁中部上下梯板交接处震害（正面）

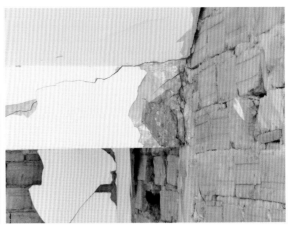

照片 6.2.4-22　二层中间休息平台梯梁左端震害（正面）

照片 6.2.4-23　三层中间休息平台梯梁震害

照片 6.2.4-24　三层中间休息平台梯梁中部上下梯板交接处震害

照片 6.2.4-25　三层中间休息平台梯梁右端震害

照片 6.2.4-26　一层第一跑梯板裂缝

照片 6.2.4-27　二层第一跑梯板裂缝

照片 6.2.4-28　二层第二跑梯板裂缝

照片 6.2.4-29　三层第一跑梯板裂缝

6.2.5　其他建筑楼梯震害

本次地震中其他各类楼梯震害详照片 6.2.5-1、照片 6.2.5-2。

（a）整体震害 　　　　　　　　　　（b）梯梁左端震害

（c）梯梁中部震害 　　　　　　　　　（d）梯板根部震害

照片 6.2.5-1　王岗坪乡某办公楼 1 号楼梯震害

（a）整体震害 　　　　　　　　　　（b）梯梁左端震害

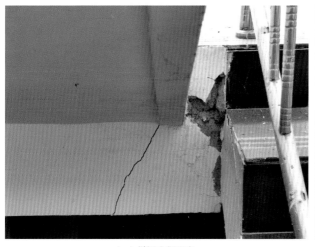

（c）梯梁中部震害　　　　　　　　　　　　　　（d）梯梁中部震害（底面）

照片 6.2.5-2　王岗坪乡某办公楼 2 号楼梯震害

6.3　滑动楼梯震害

本次地震中的部分滑动楼梯构造不妥，出现震害，详照片 6.3-1～照片 6.3-6。

照片 6.3-1　磨西镇某酒店新楼滑动楼梯未在预设的滑动面处　　　照片 6.3-2　磨西镇某酒店新楼滑动楼梯未在预设的滑动面处
滑动（一）　　　　　　　　　　　　　　　　　　　滑动细部

照片 6.3-3　磨西镇某酒店新楼滑动楼梯未在预设的滑动面处　　　照片 6.3-4　得妥镇某办公楼滑动楼梯的滑动面低于结构板面
滑动（二）

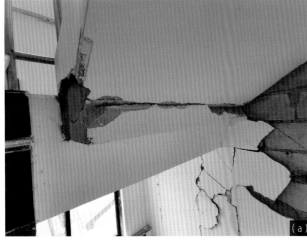
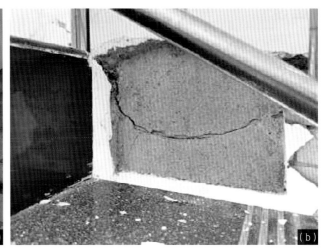

（a）滑动部位外观

（b）未在预设的滑动面处滑动

（c）滑动部位挑耳破坏

照片 6.3-5　得妥镇某办公楼滑动楼梯未在预设的滑动面处滑动

照片 6.3-6　得妥镇某办公楼滑动楼梯的滑动面被建筑面层阻挡，滑动受限，并造成建筑面层破坏

6.4　思考与建议

　　大量框架结构中的传统楼梯发生严重破坏，如梯梁中部剪坏、端部弯剪破坏，梯板拉断，梯柱压溃，中间休息平台梁出现交叉剪切裂缝等。这些建筑物均修建于汶川地震后，楼梯震害表现却与汶川地震中出现的楼梯震害完全一致，可见汶川地震中的经验教训并未在工程中被完全吸取。

　　设计中，楼梯梯梁按独立构件考虑。当考虑楼梯参与整体工作分析时，梯梁不仅承担斜置梯板传来的面内竖向剪力，还承受平面外（水平向）产生的剪力，其剪力值较按常规独立受弯构件设计的面内剪力值显著增大，面外剪力值分布发生显著改变，中段剪力值很大，上下梯板之间形成的极短梁段出现应力集中，导致发生剪切破坏。

　　采用滑动楼梯可有效避免框架结构中楼梯损坏及楼梯相邻框架柱的损坏，但由于构造原因，在地震中仍然出现了滑动部位的损伤情况。因此建议：

　　（1）在框架结构中应采用滑动楼梯，并确保地震作用下楼梯可以有效滑动。

　　（2）滑动楼梯设计时，应保证在梯板预设滑动范围内自由无阻挡。

　　（3）滑动楼梯施工时，应待挑板混凝土初凝后找平并正确铺设滑移材料后再绑扎梯板钢筋和浇筑混凝土，严禁同时浇筑挑板和梯板混凝土。

7
非结构构件
Non-Structural Components

7.1 概况

  本次地震中，各类填充隔墙出现开裂、垮塌；楼梯间、电梯厅的隔墙和饰面大面积垮塌，堵塞人员疏散通道，玻璃门窗、石材幕墙发生局部损坏坠落；部分吊顶大面积掉落；机电设备连接破坏，导致失效。这些震害均危及人员的生命安全。

7.1 Overview

  During the earthquake, various types of infill walls experienced cracking and collapse. Infill walls and finishes in stairwells and elevator lobbies collapsed commonly, blocking evacuation routes. Glass doors, windows and stone curtain walls sustained partial damage and fell. Some suspended ceilings also fell over. Mechanical and electrical equipment connections were damaged and caused system failures. These damages posed significant risks to personnel safety.

7.2 非结构构件震害

7.2.1 填充隔墙

总体而言,普通钢筋混凝土框架结构房屋底部的砌体填充墙破坏较严重,符合主体结构的变形特征。较大的层间变形是导致砌体填充墙破坏的主要原因,框架的层间变形最大值发生在底部,尤其是当框架首层作为商铺大开间使用时,首层层高较大,填充墙较少,形成了底部软弱层,进一步加剧了底部填充墙的破坏。在往复水平地震作用下,墙体一般先沿对角线剪切破坏,或沿着设备管线敷设的剔槽方向,或沿着与主体结合部位,产生裂缝;当裂缝发展到一定程度,砌体会丧失承载力,沿裂缝线成块体垮塌,严重者整片墙全部垮塌。对于弧形砌体填充墙,由于水平力会形成墙身平面外的附加弯矩,因此较同样砌筑条件的直墙,破坏更严重。此外,本次震害中,具有地区特色的石砌填充墙存在以下破坏特征:石块尺寸具有不均匀性,且砂浆粘结强度较低,自身抗震强度低,容易引起局部垮塌;石砌填充墙缺乏与主体框架之间的有效拉结,整体性差,在地震作用下很容易引起破坏。

1. 外墙

就同栋楼的外墙和内墙的震害程度而言,外墙较内墙轻,这是由于外墙开窗面积大,抗侧刚度小于内墙,吸收地震能量相对内墙更小。

磨西镇某住宅小区,坡地建筑,6层框架结构,外墙采用页岩空心砖,填充外墙大量破坏,首层部分塌落。详照片7.2.1-1~照片7.2.1-6。

照片7.2.1-1 首层填充外墙破坏整体外貌　　　照片7.2.1-2 首层填充外墙受剪形成块状外闪,破碎严重

照片7.2.1-3 首层填充外墙破坏　　　照片7.2.1-4 首层填充外墙破碎严重,局部垮塌

照片 7.2.1-5　填充外墙垮塌影响室外疏散楼梯的通行　　　　　　　照片 7.2.1-6　二层填充外墙的窗间墙 X 形裂缝

　　磨西镇某 4 层商住楼,局部 6 层,坡地建筑,下部为大底盘,框架结构。外墙采用页岩空心砖,部分填充外墙出现 X 形裂缝。详照片 7.2.1-7~ 照片 7.2.1-16。

照片 7.2.1-7　填充外墙破坏整体外观　　　　　　　　　照片 7.2.1-8　一层窗间墙 X 形裂缝(一)

照片 7.2.1-9　一层窗间墙 X 形裂缝(二)　　　　　　　　　照片 7.2.1-10　二层窗间墙 X 形裂缝

照片 7.2.1-11　三层窗间墙 X 形裂缝（一）

照片 7.2.1-12　三层窗间墙 X 形裂缝（二）

照片 7.2.1-13　三层窗间墙 X 形裂缝（三）

照片 7.2.1-14　填充外墙与梁柱交接处裂缝（一）

照片 7.2.1-15　填充外墙与梁柱交接处裂缝（二）

照片 7.2.1-16　填充外墙斜裂缝

磨西镇某 9 层商住楼，地下 1 层，框架结构。一、二层为商铺，填充隔墙较少；上部 7 层为小开间公寓，填充墙较多，底部部分外墙破坏，局部坍塌。详照片 7.2.1-17~ 照片 7.2.1-23。

照片 7.2.1-17　外墙破坏整体外观

照片 7.2.1-18　外墙破坏细部

照片 7.2.1-19　外墙破坏（内部视角）（一）

照片 7.2.1-20　外墙破坏（内部视角）（二）

照片 7.2.1-21　外墙破坏（内部视角）（三）

照片 7.2.1-22　外墙破坏（内部视角）（四）

照片 7.2.1-23　出入口处外墙破坏

　　石棉县王岗坪乡某办公楼，4层框架结构。外墙采用页岩空心砖。部分外墙形成了X形裂缝，濒临倒塌，详照片7.2.1-24、照片7.2.1-25。

照片 7.2.1-24　办公楼外墙斜裂缝（一）　　　　　　　照片 7.2.1-25　办公楼外墙斜裂缝（二）

　　磨西镇某教学楼，遭遇烈度9度，4层框架结构。外墙采用页岩空心砖，由于水平力对其形成墙身平面外的附加弯矩，与旁边相同砌筑条件的直墙相比，楼梯间的弧形墙破坏较重，详照片7.2.1-26～照片7.2.1-31。

照片 7.2.1-26　教学楼弧形外墙破坏　　　照片 7.2.1-27　弧形外墙破坏外观　　　照片 7.2.1-28　窗间墙及门上方墙破坏

照片 7.2.1-29　结构缝处墙体破坏　　　　照片 7.2.1-30　阳台栏板结构缝变形　　　　照片 7.2.1-31　结构缝处墙体破坏

　　磨西镇贡嘎大道博物馆，2 层框架结构，存在两种外墙做法：一是在框架外侧石砌填充墙；二是在框架平面内采用钢筋混凝土窗洞 + 两侧石砌填充墙 + 顶部烧结实心砖砌体。第一种做法，填充墙与框架梁柱无拉结措施，仅与楼层悬挑楼板相连，抗震性能差，震后出现大量开裂和坍塌的情况。第二种做法，填充墙嵌于框架内，参与了框架整体工作，导致墙体破坏。详照片 7.2.1-32~ 照片 7.2.1-35。

照片 7.2.1-32　北楼石砌外墙倒塌　　　　　　　　　照片 7.2.1-33　北楼石砌外墙开裂

照片 7.2.1-34　北楼砖石混砌外墙破坏（一）　　　　照片 7.2.1-35　北楼砖石混砌外墙破坏（二）

2.内墙

磨西镇某9层商住楼,地下1层,框架结构。内隔墙砌体类型有实心砖、空心砖、加气混凝土砌块等,地震中出现了不同程度的损伤破坏。详照片7.2.1-36~照片7.2.1-39。

照片7.2.1-36　三层实心砖与空心砖混砌内隔墙破坏

照片7.2.1-37　三层加气混凝土砌块内隔墙破坏

照片7.2.1-38　三层空心砖内隔墙破坏(一)

照片7.2.1-39　三层空心砖内隔墙破坏(二)

得妥镇某办公楼,4层框架结构,地下1层为车库。地震中填充墙出现X形裂缝,填充墙面层脱落较多。详照片7.2.1-40~照片7.2.1-47。

照片7.2.1-40　办公楼震后外观

照片7.2.1-41　隔墙破坏(一)

照片 7.2.1-42 隔墙破坏（二）

照片 7.2.1-43 隔墙破坏（三）

照片 7.2.1-44 隔墙破坏（四）

照片 7.2.1-45 隔墙破坏（五）

照片 7.2.1-46 隔墙破坏（六）

照片 7.2.1-47 隔墙破坏（七）

磨西镇某学校内隔墙破坏，详照片 7.2.1-48、照片 7.2.1-49。磨西镇某 4 层商住楼内隔墙破坏，详照片 7.2.1-50。王岗坪乡某办公楼内隔墙破坏，详照片 7.2.1-51～照片 7.2.1-54。磨西镇某幼儿园内隔墙开裂，详照片 7.2.1-55、照片 7.2.1-56。

照片 7.2.1-48　磨西镇某学校内隔墙开裂（一）　　照片 7.2.1-49　磨西镇某学校内隔墙开裂（二）　　照片 7.2.1-50　磨西镇某 4 层商住楼内隔墙破坏

照片 7.2.1-51　王岗坪乡某办公楼内隔墙开裂　　　　　照片 7.2.1-52　王岗坪乡某办公楼内隔墙破坏（一）

照片 7.2.1-53　王岗坪乡某办公楼内隔墙破坏（二）　　照片 7.2.1-54　王岗坪乡某办公楼内隔墙破坏（三）

照片 7.2.1-55　磨西镇某幼儿园内隔墙开裂
（已经过剔打加深）（一）

照片 7.2.1-56　磨西镇某幼儿园内隔墙开裂
（已经过剔打加深）（二）

3. 楼梯间等通道填充墙

当楼梯间的填充墙未采取有效的防倒塌措施时，在地震作用下，填充墙的破坏占据人员通道，影响逃生及救援。

磨西镇某住宅小区，6 层框架结构，楼梯间填充墙破坏严重，特别是较低楼层大量破坏，影响了逃生和救援。详照片 7.2.1-57～照片 7.2.1-64。

照片 7.2.1-57　楼梯间填充墙垮塌，堵塞通道

照片 7.2.1-58　楼梯间填充墙垮塌，掩埋踏步

照片7.2.1-59 楼梯间填充墙垮塌，铺满整个楼梯

照片7.2.1-60 楼梯间填充墙垮塌，挡住通道

照片7.2.1-61 楼梯间填充墙破坏，堵塞通道

照片7.2.1-62 楼梯间填充墙破坏

照片7.2.1-63 楼梯间填充墙管线密集处影响墙
体整体性，墙体倒塌

照片7.2.1-64 楼梯间填充墙垮塌，堵塞通道，
难以通行

磨西镇某商住楼,9层框架结构,楼梯间填充墙大量垮塌,堵塞疏散通道,影响了逃生和救援。详照片7.2.1-65~
照片7.2.1-68。

照片7.2.1-65　楼梯间填充墙垮塌,掩埋踏步　　照片7.2.1-66　楼梯间填充墙垮塌,堵塞通道　　照片7.2.1-67　楼梯间填充墙垮塌后,在楼梯
上形成"滑动面"

脚下寸步难行　　头顶危险高悬

照片7.2.1-68　楼梯间被垮塌的填充墙堵塞并形成滑动面,通行十分困难,伴随头顶上方的外倾填充墙随时坠落的危险

得妥镇某办公楼,4层框架结构,楼梯间填充墙出现震害。详照片7.2.1-69、照片7.2.1-70。

照片 7.2.1-69 楼梯间填充墙开裂（一）　　　　　　照片 7.2.1-70 楼梯间填充墙开裂（二）

7.2.2　饰面

饰面附着于墙体，地震中破坏可能出现高空坠落的情况，对人员生命安全造成极大危害，且易堵塞通道。本次地震中，大量建筑物的饰面出现震害，详照片 7.2.2-1~ 照片 7.2.2-7。

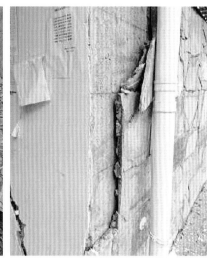

（a）整体　　　　　　　　　　（b）细节　　　　　　　　　（c）饰面厚度超过 3cm

照片 7.2.2-1　磨西镇某建筑外墙饰面垮塌跌落

照片 7.2.2-2　得妥镇某办公楼外墙饰面高空坠落　　照片 7.2.2-3　外墙饰面坠落后堵塞人　　照片 7.2.2-4　磨西镇某住宅楼外墙饰
　　　　　　　　　　　　　　　　　　　　　　　　　　　　　　行通道　　　　　　　　　　面坠落

照片 7.2.2-5　磨西镇某住宅楼外墙饰面
　　　　　　高空坠落

照片 7.2.2-6　磨西镇某商住楼电梯厅墙体饰面剥落，
　　　　　　砸向电梯厅

照片 7.2.2-7　磨西镇某商住楼电梯厅石
　　　　　　材饰面整片垮塌

7.2.3　幕墙及玻璃窗

本次地震中发现，由于连接构造错误导致幕墙坠落；部分玻璃门窗破坏。详照片 7.2.3-1～ 照片 7.2.3-7。

照片 7.2.3-1　磨西镇某酒店石材幕墙破坏（一）

照片 7.2.3-2　磨西镇某酒店石材幕墙破坏（二）

照片 7.2.3-3　石材幕墙连接细部（一）

照片 7.2.3-4　石材幕墙连接细部（二）

照片 7.2.3-5　磨西镇某办公楼玻璃门窗破坏

照片 7.2.3-6　磨西镇某办公楼玻璃窗破坏　　　　　　照片 7.2.3-7　磨西镇某建筑玻璃窗破坏

7.2.4　女儿墙

　　女儿墙在地震中的受损、坠落，将对出入口的人员安全造成极大危害。本次地震中女儿墙震害，详照片 7.2.4-1、照片 7.2.4-2。

（a）地震后开裂（由王君校长提供）

照片 7.2.4-1　磨西镇某建筑女儿墙倒塌　　　　　　　　（b）人为拆除，避免坠落风险

照片 7.2.4-2　得妥镇某教学楼屋顶女儿墙震害

7.2.5　屋面瓦

　　磨西镇的房屋大量采用瓦屋面，同时在风貌改造中，也有很多临街房屋增设木构架和小青瓦披檐，这些瓦片在本次地震中大量坠落，详照片 7.2.5-1～ 照片 7.2.5-6。瓦屋面和风貌改造大多临街或在民宿中，地震中，人员会不自主地躲避到室外，聚集在本不宽敞的街道上，瓦片的坠落将对疏散人员的安全造成极大危害和二次伤害。

照片 7.2.5-1　某民宿屋面瓦坠落

照片 7.2.5-2　某自建房客栈屋面瓦成片坠落

（a）未震落处

（b）震落处

（c）装饰构架震落地面

照片 7.2.5-3　风貌改造装饰构架及小青瓦披檐破坏坠落

照片 7.2.5-4　装饰构架及青瓦震落地面（一）

照片 7.2.5-5　装饰构架及青瓦震落地面（二）

照片 7.2.5-6　装饰构架及青瓦震落地面（三）

7.2.6 吊顶及灯具

　　吊顶作为建筑装饰构件,属于加速度敏感型构件,其地震破坏程度与楼面峰值加速度紧密相关。无论是隔震结构还是抗震结构,中上部的楼面加速度均较大,因此吊顶的破坏多集中在建筑中上部。本次地震中,吊顶破坏大多出现于顶层,详照片7.2.6-1~照片7.2.6-6。吊灯除照明外还兼具装饰作用,装饰吊灯体积大、质量大,地震中脱落也会给室内人员带来极大的威胁。本次地震中吊灯震害,详照片7.2.6-7、照片7.2.6-8。

照片7.2.6-1　得妥镇某办公楼顶层会议室吊顶大面积坠落

照片7.2.6-2　泸定县某医院顶层会议室吊顶部分坠落(一)

照片7.2.6-3　泸定县某医院顶层会议室吊顶部分坠落(二)

照片7.2.6-4　磨西镇某酒店吊顶以上的填充墙破坏倒塌,砸穿吊顶

照片7.2.6-5　磨西镇某学校顶层大会议室吊顶坠落

照片7.2.6-6　磨西镇某学校顶层大会议室吊顶大面积坠落

照片 7.2.6-7　磨西镇某酒店吊灯部分脱落

照片 7.2.6-8　燕子沟镇某教学楼悬挂的日光灯单侧脱落

7.2.7　设备管线

设备管线破坏的主要原因在于其连接强度不够，在地震作用下容易导致设备脱落或倾倒。本次地震中屋顶设备及电缆桥架震害，详照片 7.2.7-1～ 照片 7.2.7-6。

照片 7.2.7-1　磨西镇某酒店屋顶设备支承钢梁从混凝土支座滑落，设备倾斜

照片 7.2.7-2　磨西镇某酒店屋顶设备支承钢梁从混凝土支座滑落，管线折弯

照片 7.2.7-3　磨西镇某住宅楼屋顶太阳能热水器倾倒（一）

照片 7.2.7-4　磨西镇某住宅楼屋顶太阳能热水器倾倒（二）

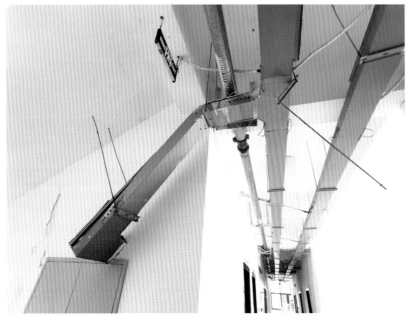

照片 7.2.7-5　得妥镇某办公楼桥架破坏（一）　　　　照片 7.2.7-6　得妥镇某办公楼桥架破坏（二）

7.2.8　家具及摆设

本次地震中，大量办公家具、室内陈设等发生倾倒、损坏，详照片 7.2.8-1~ 照片 7.2.8-7。

照片 7.2.8-1　得妥镇某办公楼家具倾倒　　　　照片 7.2.8-2　燕子沟镇某图书馆书柜倾倒

照片 7.2.8-3　磨西镇某酒店餐厅陈设倾倒　　照片 7.2.8-4　磨西镇某酒店餐厅陈设倾倒　　照片 7.2.8-5　磨西镇某酒店餐厅陈设倾倒
（一）　　　　　　　　　　　　　　　（二）　　　　　　　　　　　　　　　（三）

照片 7.2.8-6　教室内座椅大量倾覆（一）

照片 7.2.8-7　教室内座椅大量倾覆（二）

7.3　思考与建议

　　非结构构件的破坏，不会直接带来房屋倾斜、倒塌等严重后果，在现有设计及施工过程中常常被忽视，但在地震发生时却成为最容易受损的部位之一。大量的填充隔墙破坏危及人员安全，设备管线破坏将影响建筑物的正常使用，且非结构构件的震后修复加固的代价高、周期长、影响大。因此，对于非结构构件，在设计、施工过程中应如同主体结构那样给予足够重视。建议如下：

　　（1）由于非结构构件依附于主体，除了保证自身构件和连接的强度及稳定外，还需根据地震反应特征，区分非结构构件所属类型，如位移敏感型、加速度敏感型等，控制主体及非结构构件的相关动力指标，满足非结构构件的承载力及变形需求。

　　（2）在框架结构、框架－剪力墙结构，尤其是高层建筑的建筑隔墙中，可采用轻质墙板或现浇开竖缝薄墙板。

　　（3）高大空间不宜直接采用砌筑式填充墙体，宜采用轻钢龙骨轻质墙体或墙架体系。

　　（4）楼梯间、电梯厅是地震中人员的主要疏散通道，该部位填充墙应采取加强措施，以确保安全。如加密构造柱和圈梁、设钢丝网抹灰层等。

　　（5）幕墙的连接应严格按规范执行，加强设计和施工管理。

　　（6）饰面材料不宜采用较厚的石材，且应可靠连接。

　　（7）加强研发耐候、防火、保温、防裂的外墙材料和产品，并制定相关技术标准。

　　（8）景区建筑风貌改造在考虑地域特色、装饰效果的同时，应重视方案的抗震安全及当地建造能力的适配，采用抗震性能好、安全性高、适宜当地建造能力的方案和构造做法，进行必要的抗震验算，加强装饰构件的防坠落设计。

　　（9）吊顶的吊挂系统应保证足够的强度，注重对角部、侧边等部位的连接构造，对过长吊杆应合理设置支撑，吊顶选材应轻质。

　　（10）电缆桥架、水管等机电设备的连接应具备抗震能力。对重要的机电设备，尚应验算地震作用下的控制指标是否满足要求，必要时增设子结构隔震系统。对贵重饰品、家具等应设置稳固装置。

8
围墙及挡土墙
Boundary Walls and Retaining Walls

8.1 概况

围墙在地震中经常出现倾覆倒塌的震害。本次地震中，围墙震害主要表现为面外倾覆倒塌，包括整体倒塌和局部倒塌；当有扶壁柱时，在地震作用下往往会朝与墙齐平一侧倒塌。本次地震中围墙震害主要发生于医院、学校、幼儿园、街道等公共建筑及场所中，围墙倾倒极易伤人，并可能堵塞救援通道，影响救援工作开展。

8.1 Overview

Collapse and overturning are common seismic damages to enclosing walls during earthquakes. In this earthquake, the seismic damages to enclosing walls were mainly manifested as out-of-plane collapse and overturning, including overall collapse and partial collapse. When there were buttresses, the enclosing walls often collapsed towards the side flush with the wall under the action of the earthquake. The seismic damages to enclosing walls in this earthquake mainly occurred in public buildings and places such as hospitals, schools, kindergartens, and streets. The collapse of enclosing walls can easily cause injuries and may block rescue routes, affecting the conduct of rescue operations.

8.2 围墙及挡土墙震害

围墙形式主要包括实体墙、立柱加栏杆等,做法一般包括砖砌砌体和石砌砌体。本次地震中围墙及挡土墙震害,详照片 8.2-1~ 照片 8.2-20。

照片 8.2-1 磨西镇某学校砖砌围墙,整体面外倒塌

照片 8.2-2 磨西镇某学校砖砌围墙倒塌细节

(a)倒塌整体外观

（b）倒塌细节

照片 8.2-3　燕子沟镇某中学的砖砌围墙，整体面外倒塌

照片 8.2-4　磨西镇某办公区的砖砌围墙，
墙厚 240mm，整体面外倒塌

照片 8.2-5　磨西镇某办公区的砖砌围墙
整体面外倒塌细节

照片 8.2-6　得妥镇某卫生院砖砌围墙水平裂缝（一）

照片 8.2-7　得妥镇某卫生院砖砌围墙水平裂缝（二）

照片 8.2-8　得妥镇某卫生院砖砌围墙水平裂缝（三）　　　　照片 8.2-9　得妥镇某卫生院砖砌围墙顶部砖瓦局部脱落

照片 8.2-10　得妥镇某小学围墙下部石砌，上部砖砌，　　　照片 8.2-11　得妥镇某小学围墙下部石砌，上部砖砌，
　　　　　　　地震中围墙垮塌（一）　　　　　　　　　　　　　　　　　地震中围墙垮塌（二）

照片 8.2-12　磨西镇某住宅小区砖砌围墙垮塌　　　　　照片 8.2-13　磨西镇某街道砖砌围墙垮塌

照片 8.2-14 得妥镇某幼儿园石砌围墙垮塌   照片 8.2-15 得妥镇某幼儿园石砌围墙垮塌细部

照片 8.2-16 燕子
沟镇某医院石砌围墙倒
塌（左）
照片 8.2-17 燕子
沟镇某医院石砌围墙倒
塌细部（右）

照片 8.2-18 燕子
沟镇某医院砖柱加栏
杆围墙整体倒塌（左）
照片 8.2-19 得妥
镇某办公区砖柱围墙
整体倒塌（右）

照片 8.2-20　磨西镇某广场石柱加栏板围墙整体倒塌

8.3　砖砌大门震害

磨西镇某学校砖砌大门，门拱为三跨，地震中中间门拱上方砖柱水平剪断。详照片 8.3-1、照片 8.3-2。

照片 8.3-1　磨西镇某学校砖砌大门砖柱震害

照片 8.3-2　磨西镇某学校砖砌大门砖柱震害细部

8.4 边坡及堡坎震害

本次地震中，边坡和堡坎的震害主要包括边坡和堡坎本身破坏，以及所带来的相邻围墙等构筑物的破坏。详照片 8.4-1～ 照片 8.4-5。

照片 8.4-1 燕子沟镇边坡滑坡砸坏输水管道

照片 8.4-2 磨西镇边坡滑坡堵塞道路

照片 8.4-3 磨西镇某卫生院南侧堡坎震害

照片 8.4-4 燕子沟镇某园区道路的边坡垮塌

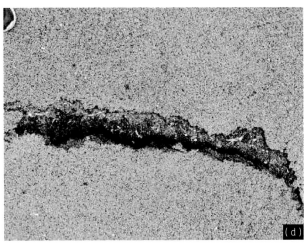

（a）边坡与围墙关系（源自网络）

（b）围墙边地面裂缝

（c）围墙砖柱边地面裂缝

（d）裂缝细节

照片 8.4-5　得妥镇某学校操场边坡塌陷后，围墙附近地面开裂

8.5 思考与建议

本次地震中，围墙倒塌分布较为广泛，包括幼儿园、小学、中学、医院等公共建筑及场所。这些震害威胁着公众生命安全，因此建议如下：

（1）加强围墙的设计与施工，重视抗倾覆设计。

（2）砖砌围墙应根据围墙高度进行高厚比验算，采取切实可靠的措施保证墙体安全和稳定，如沿墙长设置钢筋混凝土构造柱，沿墙高设置腰梁和压顶梁等。

（3）位于疏散通道的围墙，扶壁柱应设置在通道侧，避免墙体向疏散通道倒塌伤人。

（4）石砌围墙应采用水泥砂浆砌筑，并保证密实；块石筛选应做到级配合理。

（5）砖柱加栏杆围墙应加强栏杆在砖柱中的连接；条件许可时，尽量采用钢筋混凝土柱。

（6）围墙在挡土墙堡坎上砌筑时，应加强围墙和挡土墙的锚固拉结。

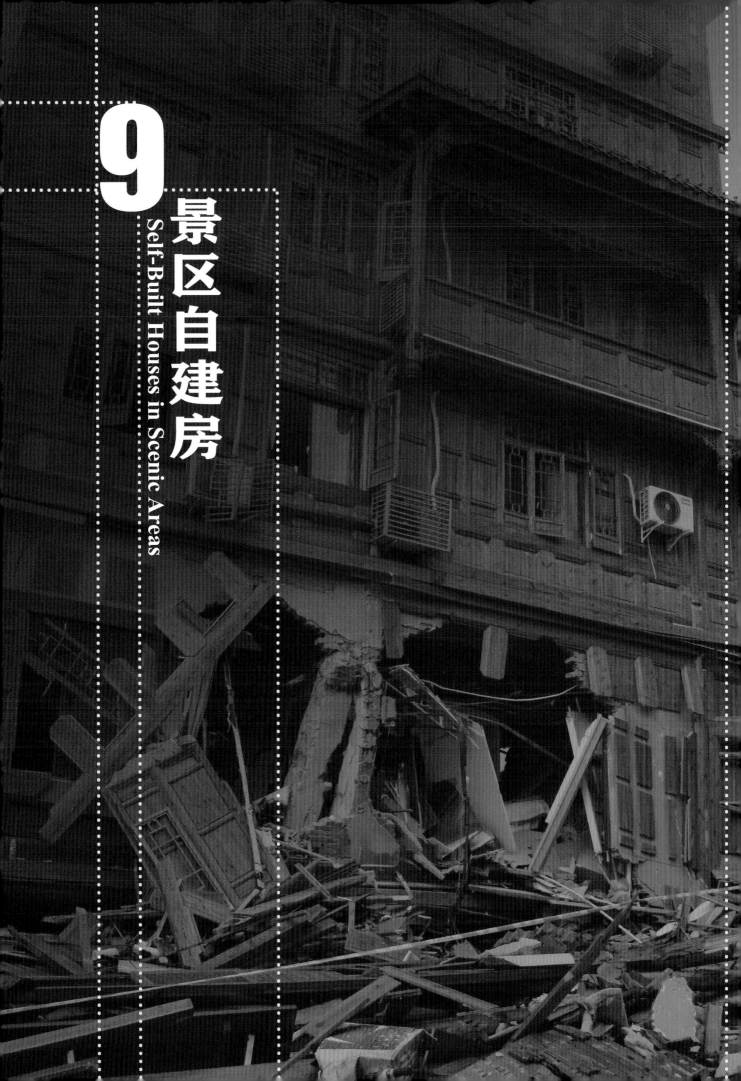

9 景区自建房
Self-Built Houses in Scenic Areas

9.1 概况

本次地震震中位于贡嘎山、海螺沟等著名景区，大量景区自建房屋用作民宿。景区一般民宿的特点是底层为接待大厅及餐饮，上部为客房，因此底部为空旷大房间，上部为密集隔墙小房间。本章所列自建房所在区域的抗震设防烈度为9度，本次地震遭遇烈度为9度。由于这类自建房追求低成本，且对建造安全缺乏足够认识，大多没有正规设计，由村民自主修建，结构体系混乱，其震害具有一定的代表性。

景区自建房大多根据实际使用功能确定结构布置，一般为砌体结构。一层临街面多为大门和落地景观窗，内部为大空间，墙体少，未设置砌体墙，采用混凝土梁柱支托上部墙体，背街面采用砌体墙承重。上部结构根据住宿需要，设置多个小开间客房，墙体落在一层梁上。一层的混凝土柱和砌体墙共同承担水平力，临街面抗侧刚度小，背街面抗侧刚度大，平面刚度不均匀：结构上部抗侧刚度大、一层抗侧刚度小，竖向刚度不均匀；整体结构体系混乱。

9.1 Overview

The epicenter of this earthquake was located in famous scenic areas such as Gongga Mountain and Hailuogou, where a large number of self-built houses were used as accommodation for tourists. These self-built houses typically have a reception hall and dining room on the ground floor and guest rooms on the upper floor. Therefore, the bottom part consists of large and open rooms, while the upper part consists of small rooms with dense partition walls. The seismic fortification intensity of the area where the self-built houses listed in this chapter is IX, and the intensity of this earthquake reached IX. Due to the pursuit of low cost and lack of sufficient understanding of construction safety, most of these self-built houses were not professionally designed and were built independently by villagers. The structural system is chaotic, and their earthquake damage is somewhat representative.

Most of the structural arrangement for scenic self-built houses were determined according to the actual function. The ground floor usually features large doors and floor-to-ceiling windows on the street-facing side, supported by concrete columns, while the rear-facing side has masonry walls for bearing loads. The upper structure is generally a masonry structure with multiple small guest rooms set up to meet accommodation needs, with walls resting on the first-floor beams. The first-floor concrete columns and masonry walls work together to bear the horizontal force, with the street side having low lateral stiffness and the back of the street side having high lateral stiffness, resulting in uneven horizontal stiffness. The upper structure has high lateral stiffness while the first floor has low lateral stiffness, leading to uneven vertical stiffness and a disordered overall structural system.

9.2 景区自建房震害

9.2.1 老街景区自建房

本建筑6层,位于磨西镇老街。建筑一层东向为正面入口,共2个开间,设置大门和落地景观窗,采用钢筋混凝土柱支托上部墙体,后部设置砌体墙。二层以上左侧山墙完整无洞口,右侧为阳台挑梁支承上部墙体,左右墙体布置不对称。地震中底层全部垮塌,二层右侧区域部分垮塌,上部建筑向右侧倾倒,三层以上砌体墙大面积开裂。详照片9.2.1-1~照片9.2.1-10。

照片 9.2.1-1 自建房震前外观(源自网络)

照片 9.2.1-2 自建房震后外观

照片 9.2.1-3 震前一层大厅内景(一)
(源自网络)

照片 9.2.1-4 震前一层大厅内景(二)
(源自网络)

二层构造柱

一层框架柱

照片 9.2.1-5　震后底层完全垮塌　　　　　　　　照片 9.2.1-6　垮塌后二层构造柱落在一层框架柱旁

照片 9.2.1-7　二层右侧纵向砌体墙全部垮塌，横向砌体墙残存　　　　照片 9.2.1-8　二层右侧构造柱残存

照片 9.2.1-9　右侧上部楼层墙体大面积开裂（一）　　　　照片 9.2.1-10　右侧上部楼层墙体大面积开裂（二）

9.2.2　鹏程路景区自建房一

建筑共 4 层，局部 5 层，位于磨西镇鹏程路。建筑一层正面 3 个开间均为门面，采用钢筋混凝土梁柱支托上部墙体，后部设置砌体墙。地震中一层垮塌，框架柱柱顶错断，钢筋拉出。详照片 9.2.2-1～照片 9.2.2-4。

照片9.2.2-1 自建房正面震后外观

照片9.2.2-2 一层框架柱折断

照片9.2.2-3 左侧震后外观

照片9.2.2-4 右侧震后外观

9.2.3 鹏程路景区自建房二

建筑共4层,位于磨西镇鹏程路。建筑一层4个开间,2个进深,内部为大空间铺面,正面入口及部分右侧设置门与落地窗,采用钢筋混凝土梁柱支托上部墙体。一层左侧、背面和部分右侧设置砌体墙。地震中,一层右侧、背面窗间墙体出现大量斜向、X形裂缝,墙体破坏严重;左侧墙体出现斜裂缝;部分内墙及室内柱顶破坏。详照片9.2.3-1~照片9.2.3-9。

照片9.2.3-1 自建房震后外观(一)

照片9.2.3-2 自建房震后外观(二)

照片 9.2.3-3　一层左侧外墙斜裂缝

照片 9.2.3-4　一层右侧外墙破坏

照片 9.2.3-5　一层背面外墙破坏

照片 9.2.3-6　一层背面外墙破坏细部

照片 9.2.3-7　一层右侧外墙破坏细部

照片 9.2.3-8　一层仅在楼梯间设置墙体，震后破坏

照片 9.2.3-9　一层框架柱上端破坏

9.2.4　冰川路景区自建房

建筑共 4 层，局部 5 层，位于磨西镇冰川路路口。建筑共 4 个开间，内部为大空间。一层东向、北向均设置大门及落地景观窗，采用钢筋混凝土柱支托上部墙体。一层西侧、南侧均为非临街面，设置砌体墙，西南角设置楼梯。结构上部刚度大、一层刚度小，竖向刚度不均匀。底层西侧、南侧刚度大，东侧、北侧刚度小，平面刚度不均匀。地震中一层柱端开裂，整栋建筑以西南角楼梯间为中心，呈顺时针方向扭转。详照片 9.2.4-1～照片 9.2.4-7、图 9.2.4-1。

照片 9.2.4-1　自建房震后外观

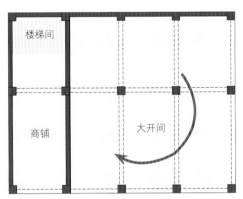

图 9.2.4-1　平面布置示意图（根据现场观测绘制）

照片 9.2.4-2　震前一层大空间咖啡厅内景（一）（源自网络）

照片 9.2.4-3　震前一层大空间咖啡厅内景（二）（源自网络）

照片 9.2.4-4　南面震害

（a）东面

（b）东北角

（c）北面

照片 9.2.4-5　整体扭转变形

照片 9.2.4-6　西面外墙震害

照片 9.2.4-7　一层柱上端混凝土开裂、剥落

9.2.5　环城路景区自建房

　　建筑共5层，位于磨西镇环城路，建于坡地上。建筑共4个开间，一层前部为大空间，正面（西侧）均设置大门，采用钢筋混凝土柱支托上部墙体；东侧、北侧、南侧外墙设置砌体墙；南端内部设置一道横墙形成出入内庭院的通道，南侧山墙开大洞，由钢筋混凝土柱支托洞上部墙体。地震中通道两侧墙体出现大面积开裂，柱下端混凝土压溃，钢筋压弯。详照片 9.2.5-1～照片 9.2.5-7。

照片 9.2.5-1　自建房正面震后外观（西侧），右侧为出入内庭院的通道（左）

照片 9.2.5-2　自建房背面震后外观，左侧为进出内庭院的通道（右）

照片 9.2.5-3 通道墙体开裂

照片 9.2.5-4 南侧山墙开裂

照片 9.2.5-5 南侧山墙开大洞，由钢
筋混凝土柱支托洞上部墙体

照片 9.2.5-6 柱下端混凝土压溃，钢筋压弯

照片 9.2.5-7 震害细部

地震中建筑背面墙体大面积开裂，震害严重，其余横墙出现大量裂缝。东侧紧邻通道的开间设置楼梯，利用楼梯休息平台（楼板 1）将首层分为上、下两个结构夹层。地震中该休息平台（楼板 1）破坏，出现大量斜裂缝。详照片 9.2.5-8~ 照片 9.2.5-14。

照片 9.2.5-8 东侧外墙震害外观

楼板 1
（休息平台）

纵墙 2

横墙 2（垂直于纵墙）

横墙 1　纵墙 1

照片 9.2.5-9　纵墙 1 窗间墙受剪交叉裂
缝（左）
照片 9.2.5-10　纵墙 2 窗间墙受剪交叉
裂缝（右）

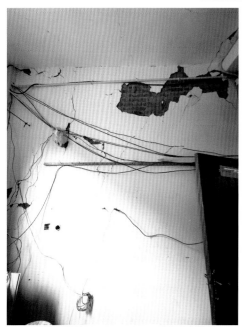

照片 9.2.5-11　横墙 1 斜裂缝（左）
照片 9.2.5-12　横墙 2 斜裂缝（右）

照片 9.2.5-13　室内楼梯（左）
照片 9.2.5-14　楼梯中间休息平台板出
现裂缝（右）

建筑南侧在二层设置刚性连廊连接另一栋3层建筑，地震中，连廊受损明显。详照片9.2.5-15、照片9.2.5-16。

照片9.2.5-15　建筑南侧在二层设置刚性连廊连接另一栋3层建筑

照片9.2.5-16　连廊震害严重

9.2.6　贡嘎大道景区自建房

建筑共5层，位于磨西镇贡嘎大道。建筑共3个开间，内部为大空间。一层正面设置大门，采用钢筋混凝土柱支托上部墙体；一层两侧、背面均为非临街面，设置砌体墙。地震中底层柱上、下端出现剪切破坏，大量墙体开裂。详照片9.2.6-1～照片9.2.6-8。

照片9.2.6-1　自建房震后外观

照片9.2.6-2　一层柱下端剪切破坏

照片9.2.6-3　一层柱下端剪切破坏细部

照片9.2.6-4　一层柱上端剪切破坏

照片9.2.6-5　一层柱上端剪切破坏细部

照片9.2.6-6　一层墙体开裂破坏，柱上端破坏

照片9.2.6-7　柱上端破坏细节

照片9.2.6-8　一层墙体开裂破坏

9.2.7　润之路景区自建房

建筑北高南低，正面为5层，背面为6层，位于磨西镇润之路。建筑正面一层为3开间门面，背面下吊一层设置较多门窗，山墙完整。地震中背面二层窗间墙出现X形裂缝，山墙出现斜向裂缝。详照片9.2.7-1～照片9.2.7-3。

（a）正面为5层

（b）背面为6层

照片9.2.7-1　自建房震后外观

照片 9.2.7-2　背面窗间墙震害　　　　　　　　照片 9.2.7-3　山墙震害

9.2.8　海螺沟大道景区自建房

建筑共 5 层，位于磨西镇海螺沟大道，采用框架结构，主体结构已修建完成。地震中一层框架柱混凝土破坏，二层填充墙窗洞出现斜裂缝。详照片 9.2.8-1～照片 9.2.8-5。

照片 9.2.8-1　自建房震后外观　　　　　　　　照片 9.2.8-2　一层框架柱下端混凝土破坏

照片 9.2.8-3　一层框架柱上端混凝土　　照片 9.2.8-4　一层框架柱上端混凝土　　照片 9.2.8-5　填充隔墙开裂
　　　　　　　破坏（一）　　　　　　　　　　　　破坏（二）

9.2.9　民俗风情街景区自建房一

　　建筑共 4 层，位于磨西镇民俗风情街。该自建房的布置是较为典型的景区自建房布置之一，一层 3 个开间，2 个进深，临街侧设置门面，采用钢筋混凝土梁柱支托上部墙体，其余侧为基本完整墙体。二层为 8 个标间住宿，前后外推，通过悬挑梁支托上部纵墙。地震中部分填充隔墙出现斜裂缝，部分顶棚坠落。详照片 9.2.9-1～照片 9.2.9-8、图 9.2.9-1 和图 9.2.9-2。

照片 9.2.9-1　自建房正面震后外观

照片 9.2.9-2　自建房背面震后外观

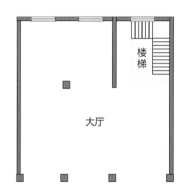

图 9.2.9-2　二层及上部平面布置示意图

图 9.2.9-1　一层平面布置示意图

照片 9.2.9-3　震后大厅内景（一）

照片 9.2.9-4　震后大厅内景（二）（左）
照片 9.2.9-5　填充隔墙裂缝（一）（右）

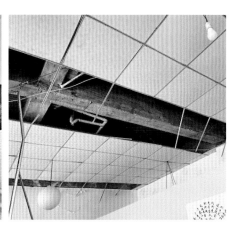

照片 9.2.9-6 填充隔墙裂缝（二）　　　照片 9.2.9-7 室内家具陈设震害　　　照片 9.2.9-8 顶棚震害

9.2.10 民俗风情街景区自建房二

　　建筑共 4 层，位于磨西镇民俗风情街。建筑一层 4 个开间，2 个进深。一层为 2 个大厅，临街侧设置门面，采用钢筋混凝土柱支托上部墙体，其余侧砌体墙基本完整。二层为标间住宿，前后 2 个进深增加一道内纵墙形成内走道，并在背面采用悬挑梁支承上部外纵墙。地震中填充隔墙出现斜裂缝；屋面加建小房间填充隔墙垮塌，青瓦大量跌落。详照片 9.2.10-1 ~ 照片 9.2.10-7、图 9.2.10-1 和图 9.2.10-2。

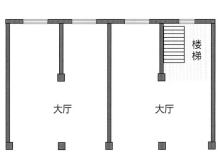

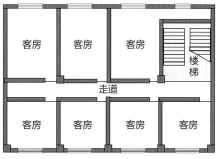

照片 9.2.10-1 自建房背面震后外观　　　图 9.2.10-1 一层平面布置示意图　　　图 9.2.10-2 二层及上部平面布置示意图

照片 9.2.10-2 震后大厅内景　　　照片 9.2.10-3 震后二层客房内景　　　照片 9.2.10-4 一层填充隔墙裂缝

照片 9.2.10-5　屋面加建小房间填充隔墙垮塌　　照片 9.2.10-6　屋面加建小房间的青瓦大量跌落　　　照片 9.2.10-7　室内家具陈设震害

9.2.11　其他景区自建房

　　以磨西镇为代表的景区自建房，大多采用类似底部框架的砌体结构，除各种墙体震害外，地震中还暴露出加建、吊层、随意开门面等各类不规范建造的影响。详照片 9.2.11-1~ 照片 9.2.11-7。

照片 9.2.11-1　自建房在原有墙体外侧贴砌新墙，地震中贴砌墙体震损剥落（左）

照片 9.2.11-2　贴砌墙体震害细部（右）

照片 9.2.11-3　自建房吊层震害（左侧与路面平接，右侧下吊一层）（左）

照片 9.2.11-4　与路面平接楼层的外墙 X 形裂缝沿窗洞开展（右）

照片 9.2.11-5 自建房震前外观，临街侧无墙体，设置门面 （源自网络）

照片 9.2.11-6 背街侧首层墙体震后大量开裂

（a） （b） （c）

（d） （e）

（f） （g）

(h)　　　　　　　(i)　　　　　　　(j)　　　　　　　(k)

(l)　　　　　　　　　　　　　　(m)

照片9.2.11-7　磨西镇景区自建房各类墙体震害

9.3　思考与建议

　　大多数景区自建房为民宿，采用砌体结构，底层大空间，临街不设墙，上部小开间住宿。建造时仅从竖向传力角度出发，其通常做法为"门面及大空间设柱、背面设墙，总体而言可设墙则设墙，不能设墙便设柱，下部无墙时设梁抬墙"，随意性很大，没有抵抗水平地震作用的概念。

　　建议规范景区自建房的建设管理；宣传、引导本地建造人员，建立抗震概念、了解建筑抗震知识、掌握抗震设计和构造的基本技术。从设计、施工、竣工备案和运营登记等流程上，将景区经营性自建房的建造纳入城建管控范围。结合自建房排查整治工作，加强经营性自建房建设和使用管理，探索建立质量安全和抗震安全长效机制。

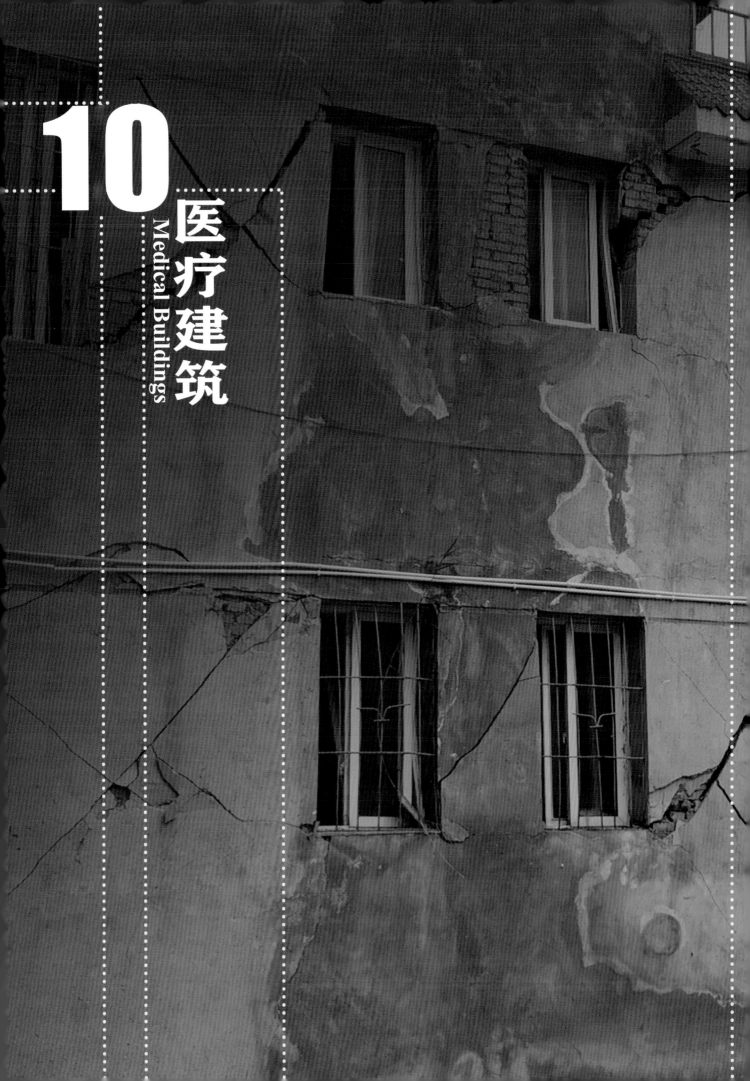

10 医疗建筑
Medical Buildings

10.1 概况

本次考察的医疗建筑分布在遭遇烈度 6、7、8、9 度地区，包括综合性医院和小型卫生室。地震中，建筑震害主要为砌体墙坍塌、开裂以及隔墙震害，此外，发生了各类医疗设备不同程度的损伤。

10.1 Overview

The medical buildings surveyed this time are distributed in areas with encountered intensities of VI, VII, VIII, and IX, including general hospitals and small clinics. During the earthquake, the main seismic damage to the buildings was the collapse and cracking of masonry walls, as well as damage to partition walls. In addition, many medical equipments suffered varying degrees of damages.

10.2　海螺沟景区管理局医疗建筑震害

10.2.1　海螺沟景区医院

　　该医院位于地震震中，遭遇烈度9度。建筑部分墙体有贯穿性斜裂缝，院区围墙倒塌。详照片10.2.1-1～照片10.2.1-9。医疗设备震害为：麻醉机、彩超、激光治疗仪、多普勒超声诊断仪等设备倾倒在地面；CT机扫描架、内镜清洗机、信息系统机柜等设备移位。

照片10.2.1-1　海螺沟景区医院老楼震后外观

照片10.2.1-2　医院A楼震后外观

照片10.2.1-3　医院B楼震后外观

照片10.2.1-4　院区建筑震后外观

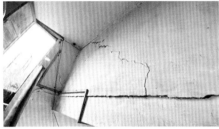
照片10.2.1-5　墙体裂缝（一）

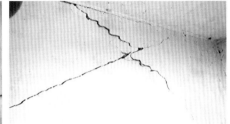
照片10.2.1-6　墙体裂缝（二）

照片10.2.1-7　墙体裂缝（三）

照片10.2.1-8　建筑震害

照片10.2.1-9　大门震害

10.2.2　磨西镇卫生院

　　该卫生院位于地震震中，遭遇烈度9度，2018年建成使用，3层框架结构。地震中建筑外墙饰面砖脱落，室内部分墙体出现裂缝。详照片10.2.2-1～照片10.2.2-3。医疗设备震害包括：彩超探头等主要零件受损，心电图显示系统故障。

照片 10.2.2-1 磨西镇卫生院震后外观

照片 10.2.2-2 外墙饰面砖脱落

照片 10.2.2-3 墙体裂缝

10.2.3 燕子沟镇卫生院

　　燕子沟镇卫生院，遭遇烈度9度，综合楼建于2008年，3层砖混结构；公卫楼、职工周转房均建于2018年，2层框架结构。结构主体完好，室内隔墙有局部轻微裂缝，室外楼梯与综合楼房屋连接处有裂缝。详照片10.2.3-1～照片10.2.3-3。医疗设备震害为：彩超传输系统故障，心电图显示系统故障。

照片 10.2.3-1 燕子沟卫生院震后外观

照片 10.2.3-2 室外楼梯与综合楼房屋
连接处有裂缝

照片 10.2.3-3 隔墙轻微裂缝

10.3 泸定县医疗建筑震害

10.3.1 德威镇卫生院

　　德威镇卫生院门诊楼，遭遇烈度7度，2015年建成，框架结构。地震中个别填充隔墙出现裂缝。详照片10.3.1-1、照片10.3.1-2。医疗设备震害为：制氧机、监控设备无法正常使用。

照片 10.3.1-1 德威镇卫生院震后外观

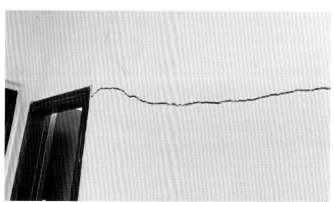

照片 10.3.1-2 填充隔墙裂缝

10.4 康定市医疗建筑震害

10.4.1 甘孜州人民医院

门诊医技综合楼及住院部大楼，遭遇烈度6度，2016年建成投用。住院部大楼地上11层，门诊医技综合楼地上5层，均设有1层地下室，框架－剪力墙结构。结构主体完好，住院楼屋顶电梯机房隔墙有局部裂缝，外墙饰面砖多处脱落。详照片10.4.1-1、照片10.4.1-2。医疗设备震害为：血气分析仪、透析仪显示屏等多台设备无法正常使用。

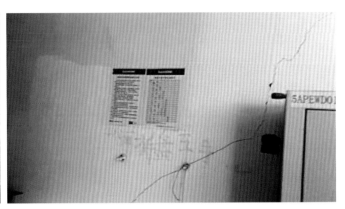

照片10.4.1-1　甘孜州人民医院震后外观　　　　　照片10.4.1-2　填充隔墙裂缝

10.4.2 康定市人民医院

门诊住院大楼，遭遇烈度6度，框架结构,2011年建成投用。地震中个别填充隔墙出现裂缝，六层库房裂缝较多。详照片10.4.2-1、照片10.4.2-2。医疗设备震害为：血凝分析仪无法正常使用。

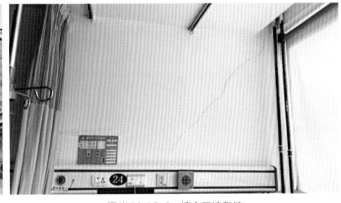

照片10.4.2-1　康定市人民医院震后外观　　　　　照片10.4.2-2　填充隔墙裂缝

10.5 石棉县医疗建筑震害

10.5.1 王岗坪卫生院第二门诊（原田湾乡卫生院）

王岗坪卫生院第二门诊，遭遇烈度9度。门诊楼为3层砖混结构，地震中墙体出现X形裂缝，楼梯出现裂缝，围墙垮塌。详照片10.5.1-1～照片10.5.1-10。医疗设备震害为：心电诊断仪器、数字化X射线摄影系统、超声诊断仪器等多台设备无法正常使用。

照片 10.5.1-1 王岗坪卫生院第二门诊震后外观

照片 10.5.1-2 砌体窗间墙大量裂缝

照片 10.5.1-3 窗间墙 X 形裂缝（一）

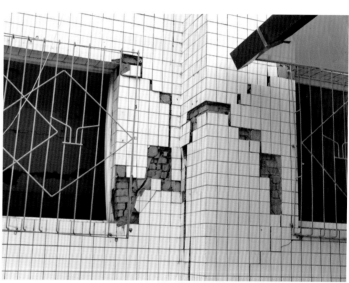

照片 10.5.1-4 窗间墙 X 形裂缝（二）

照片 10.5.1-5 砌体外墙裂缝贯穿墙体（一）

照片 10.5.1-6 砌体外墙裂缝贯穿墙体（二）

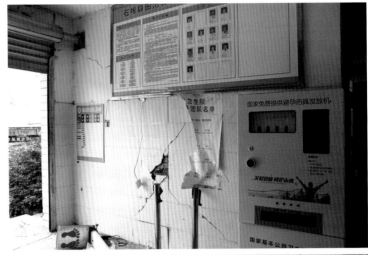

照片 10.5.1-8 砌体横墙裂缝

照片 10.5.1-7 砌体外墙裂缝贯穿
墙体（三）

照片 10.5.1-9 砌
体内墙裂缝（一）

照片 10.5.1-10 砌体内墙裂缝（二）

10.5.2 草科卫生院

草科卫生院，遭遇烈度 8 度。门诊楼为 2 层砖混结构，地震中墙体出现开裂，吊顶脱落。详照片 10.5.2-1~ 照片 10.5.2-3。医疗设备震害为：心电图机、超声诊断仪器、数字化 X 射线摄影系统、台式呼吸机等多台设备无法正常使用。

照片 10.5.2-1 草科卫生院震后外观

照片 10.5.2-2 楼梯裂缝

照片 10.5.2-3 墙体裂缝

10.5.3　新民中心卫生院

　　新民中心卫生院门诊楼，遭遇烈度 7 度，为 4 层框架结构。地震中填充隔墙及屋顶构架梁多处出现裂缝，部分吊顶脱落。详照片 10.5.3-1～照片 10.5.3-3。医疗设备震害为：心电图机、生化分析仪、血球分析仪、专用 X 射线诊断设备、彩色多普勒超声诊断仪等多台设备无法正常使用。

照片 10.5.3-1　新民中心卫生院震后外观

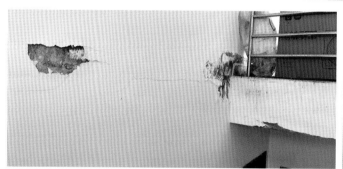

照片 10.5.3-2　墙体裂缝（一）

照片 10.5.3-3　墙体裂缝（二）

10.5.4　王岗坪乡新桥村卫生室

　　王岗坪乡新桥村卫生室，遭遇烈度 9 度，为 2 层预制空心板砖混结构。地震中墙体出现开裂。详照片 10.5.4-1、照片 10.5.4-2。

照片 10.5.4-1　王岗坪乡新桥村卫生室震后外观

照片 10.5.4-2　墙体交叉裂缝

10.5.5　迎政乡卫生院

　　迎政乡卫生院门诊楼和员工宿舍，遭遇烈度 7 度，2008 年修建。门诊楼为 2 层砖混结构，地震中部分承重墙出现裂缝；员工宿舍为 6 层钢筋混凝土框架结构，地震中部分填充隔墙出现裂缝。详照片 10.5.5-1～照片 10.5.5-4。医疗设备震害为：数字化 X 射线摄影系统、B 超等医疗设备无法正常使用。

照片 10.5.5-1　迎政乡卫生院震后外观

照片 10.5.5-2　墙体裂缝（一）　　　　照片 10.5.5-3　墙体裂缝（二）　　照片 10.5.5-4　楼梯间裂缝

10.5.6　永和乡医院

　　永和乡医院门诊楼和员工宿舍，遭遇烈度 6 度，2008 年修建。门诊楼为 2 层砖混结构，地震中部分承重墙体出现裂缝；员工宿舍为 6 层框架结构，地震中填充墙出现较多裂缝，个别楼层楼梯间梯梁出现裂缝。详照片 10.5.6-1～照片 10.5.6-4。

照片 10.5.6-1　永和乡医院震后外观

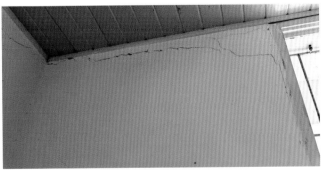

照片 10.5.6-2　墙体裂缝（一）

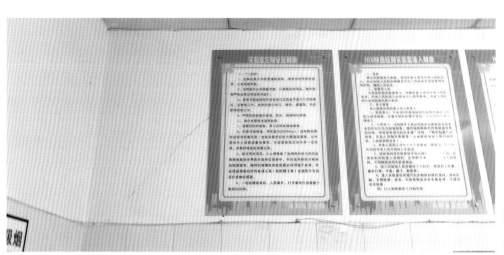

照片 10.5.6-3　墙体裂缝（二）　　　　　　　　　　　　照片 10.5.6-4　楼梯间裂缝

10.6　汉源县医疗建筑震害

10.6.1　汉源县中医院

汉源县中医院内科楼，遭遇烈度 6 度，2000 年修建，为 7 层框架结构。地震中主体结构完好，填充隔墙多处出现裂缝，部分卫生间瓷砖开裂、脱落。详照片 10.6.1-1～照片 10.6.1-4。医疗设备震害为：高频移动式 X 射线机、数字化 X 射线摄影系统、脑电图系统、全自动血液细胞分析仪、全自动生化分析仪等多台设备无法正常使用。

照片 10.6.1-1　汉源县中医院震后外观

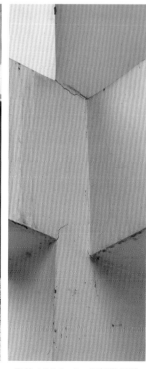

照片 10.6.1-2　墙体裂缝（一）　　　　　　照片 10.6.1-3　墙体裂缝（二）　　照片 10.6.1-4　框架梁裂缝

10.6.2 宜东中心卫生院新区

　　宜东中心卫生院新区，遭遇烈度6度，为2层砖混结构，1990年修建。地震中墙体出现较多裂缝，楼梯间出屋面外墙垮塌。详照片10.6.2-1～照片10.6.2-4。

照片10.6.2-1　宜东中心卫生院新区震后外观

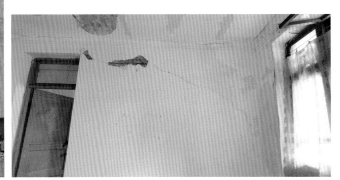

照片10.6.2-2　楼板及顶棚震害　　　　照片10.6.2-3　墙体破坏　　　　　　　照片10.6.2-4　墙体裂缝

10.6.3 宜东中心卫生院大堰乡门诊点

　　大堰乡门诊点门诊楼和业务用房，遭遇烈度6度。门诊楼为2层砖混结构，地震中墙体出现裂缝。业务用房为1988年修建的3层砖混结构，地震中出现墙体裂缝、走道梁裂缝。详照片10.6.3-1～照片10.6.3-4。医疗设备震害为：生化分析仪、彩超等设备无法正常使用。

照片10.6.3-1　大堰乡门诊点震后外观

照片 10.6.3-2　外墙震害

照片 10.6.3-3　梁裂缝延伸至墙体

照片 10.6.3-4　楼板震害

10.7　思考与建议

　　医疗建筑是地震发生后救治受伤人员的重要救援场所，同时医院原有治疗不能中断，其使用功能应得到保证。因此，关注医疗建筑抗震安全的同时，需特别重视关键医疗设备的地震防护。

11 历史传统建筑

Historic and Traditional Buildings

11.1 概况

本次地震中，历史传统文物建筑遭遇地震作用，出现了一定程度的损伤，包括墙体开裂和破坏、装饰构件和瓦片跌落等。

11. 1 Overview

In this earthquake, the historical and traditional heritage buildings suffered a certain degree of damage, included cracking and destruction of walls, falling of decorative components and tiles, etc.

11.2　历史传统建筑震害

11.2.1　磨西天主教堂

　　磨西天主教堂由法国籍神父裴恩始建于1918年，1926年建成。教堂采用天然楠木作为主要建筑材料，曾分别于1988年、2005年及2011年进行专项维修，是海螺沟目前尚存为数不多且较为完整的传统建筑和具有典型时代意义的历史文化古迹，也是中国为数不多的中西合璧式天主教堂建筑。

　　教堂遭遇烈度9度，为1层砌体结构，东侧局部设置3层小方塔。地震中小方塔四周墙体出现大量斜裂缝，屋面装饰栏杆大量跌落，部分屋面瓦掉落。详照片11.2.1-1~照片11.2.1-13。

照片11.2.1-1　正面震害　　　　　　照片11.2.1-2　南侧震害　　　　　　照片11.2.1-3　北侧震害（红框处为屋面装饰栏杆跌落）

照片11.2.1-4　北侧震前外观（源自网络）　　　　　　照片11.2.1-5　跌落的屋面装饰栏杆

照片11.2.1-6　塔冠南侧震害（左）
照片11.2.1-7　塔冠南侧震害细部
（右）

照片 11.2.1-8　塔冠北侧震害

照片 11.2.1-9　塔冠北侧震害细部

照片 11.2.1-10　塔冠东侧震害

照片 11.2.1-11　塔冠东侧震害细部

照片 11.2.1-12　塔冠西侧震害

照片 11.2.1-13　塔冠西侧震害细部

11.2.2　磨西天主教堂神父楼

　　磨西天主教堂神父楼，遭遇烈度9度，为2层砌体结构，由法国籍神父裴恩始建于1918年。地震中多处墙体出现斜裂缝，部分木屋面震坏，屋面瓦大量掉落，详照片11.2.2-1~照片11.2.2-5。

照片11.2.2-1　神父楼震害外观

照片11.2.2-2　左上角二层砖墙斜裂缝，贯穿砖柱

照片11.2.2-3　右上角二层砖墙垂直裂缝

照片11.2.2-4　左下角一层砖墙局部裂缝

照片11.2.2-5　右下角一层砖墙窗洞旁裂缝

11.2.3　石棉县猛种堡子

1.建造特点

猛种堡子位于石棉县蟹螺乡，遭遇烈度7度，为自然村寨，由当地蟹螺藏族村民自建，是国家级的传统村落。猛种堡子的传统建筑具有典型的藏族民居特征，为不规则的石结构房屋，多以石墙承重或石墙与梁柱共同承重。

石墙多由不规则石块砌筑，荷载由石墙传递至地基。这种房屋平面形式简单，建筑空间较小，石墙由不规则的石块交错砌筑，采用黄泥作为粘结材料；在纵横墙的交接部位，采用片石交错砌筑，以增强纵横墙的连接能力。片石屋面是猛种堡子中民居的特色之一，做法是将片石层层叠放于屋面上，再采用石块压住，保持屋面稳固。详照片11.2.3-1。

（a）整体特征　　　　　　　　　　　　　　　　（b）墙体细部特征

（c）纵横墙交接　　　　　　　　　　　　　　　　（d）片石屋面

照片11.2.3-1　石棉县蟹螺乡猛种堡子建造特点

房屋是由石墙与木梁柱共同承重。石墙作为房屋的围护和稳定结构，木柱和木梁纵横分布在立面和平面上，使得结构空间开阔、平面划分灵活。二层房屋内部设置木柱承重，楼面一般设置为木楼板，木柱直接搁置在楼板上。木梁直径较大且直接搁置在墙上，以承担上部楼板传来的荷载，并将其传递到墙体；木梁一般穿出墙面，以增强稳定。为增加房屋的使用面积，也有将木梁挑出更长距离，以悬挑部分设置走廊。详照片11.2.3-2～照片11.2.3-9。

照片 11.2.3-2　石墙与木梁柱共同承重

照片 11.2.3-3　木柱承重

照片 11.2.3-4　木楼板

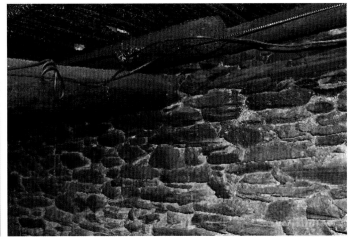

照片 11.2.3-5　木梁承重

照片 11.2.3-6　木梁穿出墙面

照片 11.2.3-7　悬挑走廊（一）

照片 11.2.3-8　悬挑走廊（二）　　　　　　照片 11.2.3-9　木梁穿出墙面形成悬挑走廊

2.震害特征

在本次地震中，猛种堡子石结构房屋的震害总体较轻，主要在石墙部分。因为石块之间大多采用黄泥砌筑，在外部环境湿热交替的循环作用下，黄泥干缩开裂甚至掉落，导致石块之间缺少黄泥的填充，地震作用易引起石块的掉落，导致墙体形成孔洞。详照片 11.2.3-10、照片 11.2.3-11。

照片 11.2.3-10　石块松动　　　　　　　　照片 11.2.3-11　石块掉落

11.3　思考与建议

应有计划地进行高烈度地区历史传统建筑的安全排查和台账登记。根据排查实际情况，研究制定相应的保护措施，防止建筑遭受地震损伤。

传统村落大部分修建久远，建造工艺缺失，地震受损后往往仅简单修补，导致下次地震来临时依旧受损严重。部分建筑推倒后采用现代材料重建，致使新建建筑与传统建筑不协调。针对可修复的传统村落建筑震后加固与保护，建议如下：

（1）推进传统村落灾害调查工作，建立涵盖省、市、县三级的传统村落保护管理综合数据库，开展对各类自然灾害综合影响的传统村落防灾专项规划，提高传统村落综合防灾与应急管理水平。

（2）对灾害风险较大的传统村落开展建筑检测，依据修旧如旧的原则，对安全性较弱的建筑进行结构加固、修缮。

（3）注重地方传统文化传承，对传统民居、传统村落和保护民居，分类施策，制定修复或重建方案。传统村落房屋是当地村民数百年来智慧的结晶，与当地的人文、环境和气候等因素息息相关。传统村落中独特的石结构房屋是当地人民长期生活的真实见证，也是自然遗产与文化遗产共生共存的示例。但关于传统村落房屋的建造工艺正逐渐消失，应当积极收集建造工艺，开展当地工匠的培训，使传统村落建筑建造可持续传承。

12
村镇建筑
Village Buildings

12.1 概况

　　震区农房建造抗震安全意识普遍不高，加上建房成本有限，大部分村镇建筑无正规设计和施工，不满足抗震要求，地震中破坏严重。本次地震中，除了地震造成的村镇建筑损坏，地震引发的次生灾害也造成了一定数量村镇建筑的损毁。

12.1　Overview

Awareness of seismic safety in rural area is generally low, and building costs are limited. Most houses in villages and towns lack proper design and construction, failing to meet seismic requirements and suffering severe damage during earthquakes. In this earthquake, besides direct damage to buildings themselves, secondary damages triggered by the earthquake also caused collape to a certain number of village buildings.

12.2　建筑震害

本次考察的村镇建筑按照结构类型可分为木结构、砌体结构、石结构和生土结构，均有各自的震害特征。

12.2.1　木结构

村镇木结构多为西南地区常见的穿斗式木结构。其木构架由立柱、横梁、纵横向穿枋组成，节点间为榫卯连接，围护墙多为石墙或泥墙，常用作村镇民居。地震中主要破坏特征有木构架倒塌、木柱倾斜和滑移、围护墙破坏、屋盖破坏、堡坎垮塌、地基沉降等。

1. 木构架倒塌

位于高烈度区的房屋，受地震作用影响，出现节点脱离和构件断裂，引起木构架倒塌。详照片12.2.1-1～照片12.2.1-5。

照片12.2.1-1　得妥镇某村镇建筑（遭遇烈度9度），木构架倒塌　照片12.2.1-2　磨西镇某村镇建筑（遭遇烈度9度），木构架倒塌（一）

照片12.2.1-3　磨西镇某村镇建筑（遭遇烈度9度），木构架倒塌（二）　　照片12.2.1-4　磨西镇某村镇建筑（遭遇烈度9度），木构架倒塌（三）　　照片12.2.1-5　磨西镇某村镇建筑（遭遇烈度9度），木构架倒塌（四）

2. 木柱倾斜和滑移

地震中，木结构的木柱倾斜和滑移现象较为普遍。详照片 12.2.1-6、照片 12.2.1-7。

照片 12.2.1-6　牛背山镇某村镇建筑（遭遇烈度 6 度），
木柱倾斜

照片 12.2.1-7　磨西镇柏秧坪村某村镇建筑
（遭遇烈度 9 度），柱脚滑移，墙体开裂

3. 围护墙破坏

木结构所采用围护墙在地震中破坏较为严重，包括土石墙垮塌、砖砌围护墙裂缝及整体倾倒、木板围护墙歪闪等。详照片 12.2.1-8～ 照片 12.2.1-16。

照片 12.2.1-8　磨西镇柏秧坪村某村镇建筑
（遭遇烈度 9 度），围护土石墙垮塌

照片 12.2.1-9　磨西镇柏秧坪村某村镇建筑
（遭遇烈度 9 度），围护砖墙倾斜

照片 12.2.1-10　磨西镇柏秧坪村某村镇建筑
（遭遇烈度 9 度），围护砖墙开裂

照片 12.2.1-11　磨西镇某村镇建筑（遭遇烈度 9 度），窗槛墙外闪

照片 12.2.1-12　磨西镇某村镇建筑（遭遇烈度 9 度），墙体倒塌（一）

照片 12.2.1-13　磨西镇某村镇建筑（遭遇烈度 9 度），墙体倒塌（二）

照片 12.2.1-14　磨西镇某村镇建筑（遭遇烈度 9 度），墙体倒塌（三）

照片 12.2.1-15　磨西镇某村镇建筑（遭遇烈度 9 度），墙体倒塌（四）

照片 12.2.1-16　磨西镇某村镇建筑（遭遇烈度 9 度），
纵向维护墙体整体倾倒

4. 屋盖破坏

地震中，木结构的屋盖破坏也较为普遍，包括屋面溜瓦和屋盖坍塌。详照片 12.2.1-17~ 照片 12.2.1-21。

照片 12.2.1-17　燕子沟镇某村镇建筑（遭遇烈度 8 度），屋面溜瓦坠落　　　照片 12.2.1-18　磨西镇某村镇建筑（遭遇烈度 9 度），屋面溜瓦坠落

照片 12.2.1-19　磨西镇某村镇建筑（遭遇烈度 9 度），屋盖坍塌（一）　　　照片 12.2.1-20　磨西镇某村镇建筑（遭遇烈度 9 度），屋盖坍塌（二）　　　照片 12.2.1-21　磨西镇某村镇建筑（遭遇烈度 9 度），屋盖坍塌（三）

12.2.2　砌体结构

地震中，砌体结构主要破坏特征有倒塌、墙体破坏、楼梯间破坏、非结构构件破坏、屋盖和女儿墙破坏等。

1. 倒塌

地震中建于边坡的砌体结构出现整体倒塌，部分房屋出现局部倒塌。详照片 12.2.2-1~ 照片 12.2.2-3。

照片 12.2.2-1　王岗坪乡挖脚村某村镇建筑（遭遇烈度 8 度），整体倒塌　　　照片 12.2.2-2　王岗坪乡挖脚村某村镇建筑（遭遇烈度 8 度），局部倒塌　　　照片 12.2.2-3　磨西镇某村镇建筑（遭遇烈度 9 度），局部倒塌

2. 墙体破坏

　　村镇建筑砌体结构中的墙体破坏较为严重，包括墙体开裂及倒塌、纵横墙交接处及门洞角处开裂、砖柱破坏等。详照片 12.2.2-4~ 照片 12.2.2-20。

照片 12.2.2-4　磨西镇柏秧坪村某村镇建筑（遭遇烈度 9 度），外墙局部墙体倒塌

照片 12.2.2-5　磨西镇某村镇建筑（遭遇烈度 9 度），局部 120mm 厚墙体倒塌（一）

照片 12.2.2-6　局部 120mm 厚墙体倒塌细部

照片 12.2.2-7　磨西镇某村镇建筑（遭遇烈度 9 度），局部 120mm 厚墙体倒塌（二）

照片 12.2.2-8　磨西镇某村镇建筑（遭遇烈度 9 度），墙体 X 形裂缝

照片 12.2.2-9　磨西镇某村镇建筑（遭遇烈度 9 度），纵横墙错动

照片 12.2.2-10　磨西镇某村镇建筑（遭遇烈度 9 度），纵横墙交接处开裂破坏

照片 12.2.2-11　磨西镇某村镇建筑（遭遇烈度 9 度），竖向裂缝（一）

照片 12.2.2-12　磨西镇某村镇建筑（遭遇烈度 9 度），竖向裂缝（二）

照片 12.2.2-13　磨西镇某村镇建筑（遭遇烈度 9
度），窗洞角 X 形裂缝

照片 12.2.2-14　磨西镇某村镇建筑
（遭遇烈度 9 度），转角处 X 形裂缝

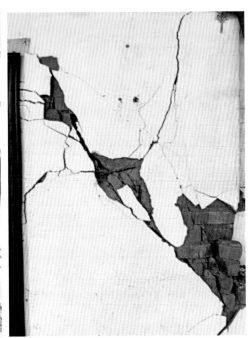

照片 12.2.2-15　燕子沟镇某村镇建筑
（遭遇烈度 7 度），内墙阶梯型裂缝

照片 12.2.2-16　王岗坪乡挖脚村某村镇建筑
（遭遇烈度 8 度），外墙 X 形裂缝

照片 12.2.2-17　磨西镇某村镇建筑
（遭遇烈度 9 度），窗洞角阶梯型裂缝

照片 12.2.2-18　磨西镇某村镇建筑
（遭遇烈度 9 度），门洞角开裂

照片 12.2.2-19　得妥镇某村镇建筑（遭
遇烈度 9 度），砖柱单段剪切破坏（左）

照片 12.2.2-20　得妥镇某村镇建筑（遭
遇烈度 9 度），砖柱双段剪切破坏（右）

3. 楼梯间破坏

地震中砌体结构的楼梯间墙体出现开裂、局部垮塌、外闪。详照片 12.2.2-21～照片 12.2.2-23。

照片 12.2.2-21　磨西镇某村镇建筑（遭遇烈度 9 度），楼梯间墙体局部垮塌、外闪　　照片 12.2.2-22　磨西镇某村镇建筑（遭遇烈度 9 度），楼梯间转角墙体开裂　　照片 12.2.2-23　磨西镇某村镇建筑（遭遇烈度 9 度），楼梯间开裂，表皮脱落

4. 屋盖及女儿墙破坏

大量村镇建筑砌体结构采用木屋盖，木梁简单搁置在砌体墙上，地震中发生屋盖坍塌。部分女儿墙缺少压顶圈梁和构造柱，地震中发生垮塌。详照片 12.2.2-24～照片 12.2.2-29。

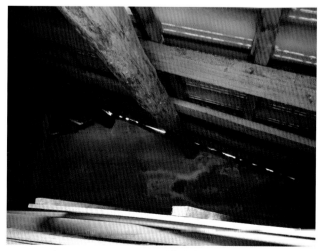 

照片 12.2.2-24　磨西镇某村镇建筑（遭遇烈度 9 度），木屋盖与砌体墙连接做法　　照片 12.2.2-25　磨西镇某村镇建筑（遭遇烈度 9 度），木屋盖坍塌（一）

照片 12.2.2-26　磨西镇某村镇建筑（遭遇烈度 9 度），木屋盖坍塌（二）　照片 12.2.2-27　磨西镇某村镇建筑（遭遇烈度 9 度），木屋盖坍塌（三）

照片 12.2.2-28　磨西镇某村镇建筑（遭遇烈度 9 度），屋盖坍塌　　　照片 12.2.2-29　磨西镇某村镇建筑（遭遇烈度 9 度），女儿墙垮塌

12.2.3　石结构

地震中，石结构的震害包括整体倒塌、局部倒塌和墙体开裂。详照片 12.2.3-1～ 照片 12.2.3-7。

照片 12.2.3-1　德威镇寨子坡村某村镇建筑（遭遇烈度 7 度），　　照片 12.2.3-2　磨西镇柏秧坪村某村镇建筑（遭遇烈度 9 度），
石结构整体倒塌　　　　　　　　　　　　　　　　　　石墙整体垮塌

照片 12.2.3-3　磨西镇柏秧坪村某村镇建筑（遭遇烈度 9 度），
石墙顶部垮塌

照片 12.2.3-4　磨西镇柏秧坪村某村镇建筑（遭遇烈度 9 度），
砖石墙剥落

照片 12.2.3-5　德威镇寨子坡村某村镇建筑（遭遇烈度 7 度），
石墙剥落

照片 12.2.3-6　德威镇寨子坡村某村镇建筑
（遭遇烈度 7 度），纵墙开裂

照片 12.2.3-7　磨西镇某村镇
建筑（遭遇烈度 9 度），纵横墙
交接处剥落

12.2.4　生土结构

　　地震中，生土结构的震害包括整体倒塌、局部倒塌、墙体开裂和屋面瓦坠落。详照片 12.2.4-1～照片 12.2.4-4。

照片 12.2.4-1　新民乡海子山村某村镇建筑（遭遇烈度 8 度），
生土结构整体倒塌

照片 12.2.4-2　石棉县某村镇建筑（遭遇烈度 8 度），
生土结构纵墙倒塌

照片 12.2.4-3   石棉县某村镇建筑（遭遇烈度 8 度），生土结构墙体开裂（左）

照片 12.2.4-4   磨西镇柏秧坪村某村镇建筑（遭遇烈度 9 度），屋面瓦坠落（右）

12.3   次生灾害

地震中，建于山区的村镇建筑，受山体滑坡的影响，发生次生灾害，包括滑坡落石撞击房屋，建筑随滑坡体部分坍塌或沉降。详照片 12.3-1～照片 12.3-3。

照片 12.3-1   磨西镇柏秧坪村（遭遇烈度 9 度），山体落石

照片 12.3-2   磨西镇柏秧坪村（遭遇烈度 9 度），山体滑坡

照片 12.3-3   得妥镇（遭遇烈度 9 度），山体滑坡

12.4   思考与建议

长期以来，村镇建筑的建造多采用自主建造、自用自管的分散建设模式，成本仍是自建房屋的主要限制因素。村镇建筑大多就地取材，自行筹资组织建造，且农户对于抗震安全的意识相对淡薄，普遍缺乏正规设计和施工。因此建议以下：

（1）加固与重建相结合，科学确定灾后重建方式；政府主导和农户自建相结合，充分发挥群众重建家园的主动性和积极性，并建立相应的技术指导、建设管理和推进机制。

（2）通过村庄规划合理选址，避开抗震危险和不利地段，避免山体滑坡等造成次生灾害。

（3）尊重群众需求，引导农户建设结构安全、功能现代、绿色环保、风貌协调的宜居农房。高寒山区及缺水地区民居宜考虑保温和节水措施。

（4）本着因地制宜、优化提升原则，适当引入新技术和新工艺，开展应用性研究，结合当地气候条件、农民生产生活习惯、综合造价、宜居性和耐久性等多方面因素，选择适用性强、经济性好的建造技术。可先进行初步示范，摸索经验，待成熟后再分批分阶段推广。

（5）由政府主导，各级建设行政主管部门负责，积极开展村镇建筑工匠的技术培训及认证工作，重点加强抗震相关知识的教育，建立日常培训和管理制度，通过重建实施探索将村镇建筑纳入建筑工程建设管理体系的推进机制。

（6）加强科普宣传，提高农户对房屋抗震安全的认识。